普通高等教育"十二五"计算机类规划教材

计算机应用基础

主　编　肖凤亭　王云沼

副主编　边军辉　钱宗峰

参　编　冯晓洁　孔晓燕　赵智勇　付　健

机械工业出版社

本教材按照高等院校、高职院校计算机课程基本要求，以案例驱动的形式来组织内容，突出计算机课程的实践性特点。本教材共分为 6 章，分别介绍了计算机基础知识、Windows XP 操作系统、Office 2007 办公软件、计算机网络基础与简单应用等，内容安排合理，层次清楚、通俗易懂、实例丰富、生动有趣，突出理论与实践相结合。

　　本书可作为各类高等院校、高职高专、中专院校及培训机构的教材，也可作为全国计算机一级考试参考书目。

　　为方便教师教学，本书配有免费教学课件，欢迎选用本书作为教材的教师登录 www. cmpedu. com 下载或发邮件到 llm7785@ sina. com 索取。

图书在版编目（CIP）数据

计算机应用基础/肖凤亭，王云沼主编. —北京：机械工业出版社，2011. 12

普通高等教育"十二五"计算机类规划教材

ISBN 978-7-111-36255-5

Ⅰ. ①计… Ⅱ. ①肖…②王… Ⅲ. ①电子计算机 – 高等学校 – 教材 Ⅳ. ①TP3

中国版本图书馆 CIP 数据核字（2011）第 216927 号

机械工业出版社（北京市百万庄大街 22 号　邮政编码 100037）
策划编辑：刘丽敏　责任编辑：刘丽敏　李　宁
版式设计：张世琴　责任校对：薛　娜
封面设计：张　静　责任印制：李　妍
北京振兴源印务有限公司印刷
2012 年 1 月第 1 版第 1 次印刷
184mm×260mm·12.25 印张·300 千字
标准书号：ISBN 978-7-111-36255-5
定价：25.00 元

前　言

随着计算机科学的迅猛发展，计算机的应用已经渗透到社会的各个领域，改变着人们的工作、学习和生活。掌握计算机知识及操作技能，已经成为现代学生所应具备的基本技能之一。

本书是编写人员在总结了多年计算机教学经验的基础之上，结合军队职业技能鉴定和全国计算机等级考试的实际需求，针对专业技术，学生在学习计算机基础知识时应该掌握和了解的内容而编写的。同时，本书也可作为高等院校、高职院校的专业教材和计算机初学人员的参考书。

本书共分 6 章。第 1 章为计算机基础知识，介绍了计算机的发展、组成及信息表示；第 2 章为 Windows XP 操作系统，介绍了操作系统的概念、文件和程序的管理及系统的维护；第 3 章为文字处理软件 Word 2007，重点介绍了在 Word 2007 中文档的编辑和排版、图形与表格的处理等；第 4 章为电子表格软件 Excel 2007，主要介绍了如何利用公式和函数进行运算，分析汇总各种数据并建立统计图表；第 5 章为演示文稿制作软件 PowerPoint 2007，介绍了幻灯片的建立、编辑和修饰的基本方法；第 6 章为计算机网络基础与简单应用，介绍了网络的构建、应用和防护的内容。

在编写中，本书以实训案例的形式进行讲解，内容安排合理，层次清楚、通俗易懂、实例丰富、生动有趣，突出了学生的实践性、操作性。

本书由肖凤亭、王云沼负责审校、定稿等工作。

各章编写分工如下：第 1、6 章由冯晓洁、付健编写，第 2、5 章由边军辉、赵智勇编写，第 3、4 章由钱宗峰、孔晓燕编写。总参通信训练基地有关业务部门和领导对本书的编写给予了大力支持与帮助指导。

由于信息技术发展日新月异，软件版本更新频繁，加之编者水平有限，编写时间仓促，书中的错误和不妥之处在所难免，敬请专家、读者不吝批评指正。

本书编写过程中曾参考和引用了许多专家和学者的论文和论著，作者在此一并表示衷心的感谢。

编　者

目　　录

第 1 章　计算机基础知识

1.1　概述

电子数字计算机是 20 世纪重大科技发明之一。在人类科学发展的历史上，还没有哪门学科像计算机科学这样发展得如此迅速，对人们的生活、学习和工作产生如此巨大的影响。人们把 21 世纪称为信息化时代，其标志就是计算机的广泛应用。计算机是一门科学，但也成为信息社会中必不可少的工具。因此，学习必要的计算机基础知识，掌握一定的计算机操作技能，是现代人知识结构中重要的组成部分。

1.1.1　计算机的发展

1. 计算机的发展过程

第一台计算机——电子数字积分计算机（Electronic Numerical Integrator And Computer, ENIAC）于 1946 年 2 月诞生于美国宾夕法尼亚大学，是宾州大学莫克利（John Mauchley）教授和他的学生埃克特（John Presper Eckert）为帮助军方计算弹道轨迹而研制的。

ENIAC 以电子管为主要元件，每秒钟完成 5000 次加法运算、300 多次乘法运算，比当时最快的计算工具快 300 倍。在使用 ENIAC 计算时，先要按照计算步骤编好指令，再按照指令连接好外部线路，最后启动机器运行并输出结果。每一个计算题目都要重复上述过程，十分烦琐且不易掌握，所以只有少数专家才能使用。

ENIAC 虽是一台计算机，但它还不具备现代计算机"在机内存储程序"的主要特征。1946 年 6 月，曾担任 ENIAC 小组顾问的美籍匈牙利科学家冯·诺依曼（John Von Neumann）教授发表了《电子计算机逻辑结构初探》的论文，并为美国军方设计了第一台存储程序式的计算机，即电子离散变量计算机（the Electronic Discrete Variable Automatic Computer, EDVAC）。与 ENIAC 相比，EDVAC 有两点重要的改进：一是采用二进制，提高了运行效率；二是把指令存入计算机内部。

1959 年，第二代计算机出现，其特征是：以晶体管为主要元件，内存为磁芯存储器，外存为磁盘或磁带，运算速度为每秒几万到几十万次，使用高级语言（如 Fortran、COBOL 等）编程，主要应用领域为数值计算、数据处理及工业过程控制。

1965 年，第三代计算机出现，其特征是：以集成电路为主（集成电路就是由晶体管、电阻、电容等电子元件集成的一个小硅片），内存为半导体存储器，外存为磁盘，运算速度为每秒几十万次到几百万次，用高级语言编程，以操作系统来管理硬件资源，主要应用领域为信息处理（处理数据、文字、图像）。

1970 年左右，第四代计算机出现，其特征是：以大规模及超大规模集成电路为主（一个芯片上可集成数十个到上百万个晶体管），内存为半导体存储器，外存为磁盘，运算速度为每秒几百万次到上亿次，应用领域扩展到各个方面。此时微型计算机也开始出现，并在

20 世纪 80 年代得到了迅速推广。

20 世纪 80 年代，日本首先提出了第五代计算机的研制计划，其主要目标是使计算机具有人类的某些智能，如听、说、识别对象，并且具有一定的学习和推理能力。目前科学家正在研究的新一代计算机有神经网络计算机和生物计算机等。

2. 计算机的发展趋势

由于技术的更新和应用的推动，计算机一直处在飞速发展之中。无论是基于何种机理的计算机，都朝着多极化、网络化、智能化、多媒体化方向发展。

（1）多极化　自 20 世纪 90 年代开始，计算机在提高性能、降低成本、普及和深化应用等方面的发展趋势仍在继续，而社会对巨型机、大型机的需求也稳步增长，巨型机、大型机、小型机、微型机有着各自的应用领域，形成一种多极化的形式。

（2）网络化　网络化是当今计算机的发展趋势，Internet 的迅速发展就充分地说明了这一点。计算机网络是信息社会的重要技术基础。网络化可以充分利用计算机的宝贵资源并扩大计算机的使用范围，为用户提供方便、及时、可靠和灵活的信息服务。

（3）智能化　智能化是指使计算机可模拟或部分代替人的感觉并具有类似人类的思维能力，如推理、判断、感觉等，从而使计算机成为智能计算机。对智能化的研究包括模式识别、自然语言的生成与理解、定理自动证明、自动程序设计、学习系统和智能机器人等内容，这是一个需要长期努力才可以实现的目标。

（4）多媒体化　计算机数字化技术的发展进一步改善了计算机的表现能力，使得计算机可处理数字、文字、图像、图形、视频及音频等多种信息。多媒体计算机将真正改善人机界面，使计算机向人类接受和处理信息的最自然方式发展。

1.1.2　计算机的特点与分类

1. 计算机的特点

曾有人说，机械可以使人类的体力得以放大，计算机则可以使人类的智慧得以放大。作为人类智力劳动的工具，计算机具有以下主要特征：

（1）高速、精确的运算能力　现代巨型计算机系统的运算速度已达到每秒千万亿次。过去人工需要几年、几十年才能完成的大量、复杂的科学计算工作，现在使用计算机只需要短短几天、几小时甚至几分钟。同时由于计算机采用二进制运算，计算精度随着表示数字的设备增加和算法改进而不断提高，一般的计算机均可达到数十位的有效数字。

（2）强大的存储能力　计算机的存储器类似于人的大脑，可以"记忆"（存储）大量的数据和程序，并将处理或计算结果保存起来。存储器不但能存储大量的信息，而且可以快速、准确地存入和取出这些信息。

（3）准确的逻辑判断能力　计算机可以对字母、符号、汉字和数字的大小和异同进行判断、比较，从而确定如何处理这些信息。另外，计算机还可以根据已知的条件进行判断和分析，确定要进行的工作。因此，计算机可以广泛地应用到非数值数据处理领域，如信息检索、图形识别及各种多媒体应用领域。

（4）运行过程自动化　计算机的内部操作是根据人们事先编制好的程序自动执行的，不需人工干涉。只要将程序设计好，并输入到计算机中，计算机就会依次取出指令、执行指令规定的动作，直到得出需要的结果为止。

2. 计算机的分类

计算机发展到今天，已是琳琅满目，种类繁多，分类方法也各不相同。分类标准不是固定不变的，只能针对某一个特征。

（1）按照处理数据的形态分类 可以分为数字计算机、模拟计算机和混合计算机。

数字计算机中的数据都是用 0 和 1 构成的二进制数表示的，其基本运算部件是数字逻辑电路。模拟计算机是以连续变化的电压/电流（模拟量）标志运算量，它可以模拟对象变化过程中的物理量。相比而言，模拟计算机比数字计算机的计算精度低，通用性差，主要用于模拟计算、过程控制和一些科学研究领域。

（2）按照使用范围分类 可以分为通用计算机和专用计算机。

通用计算机的功能多、通用性强、用途广泛，可用于解决各类问题。专用计算机的功能单一，具有某个方面的特殊性能，通常用于完成某种特定工作，如军事上的计算机火炮控制系统，飞机自动驾驶、导弹自动导航等计算机控制系统。

（3）按照性能分类 可以分为超级计算机、大型计算机、小型计算机、微型计算机、工作站和服务器。

超级计算机是计算机中价格最贵、功能最强的计算机，主要使用在尖端科学领域，如战略武器的设计、空间技术、石油勘探、中长期天气预报等。例如，美国 CDC 公司的 Cray 系列机、我国研制的银河、曙光系列机等均属此类。

大型计算机通常具有大容量的内存和外存，可进行并行处理，具有速度高、容量大、处理和管理能力强的特点。一般用于为企业或政府的数据提供集中的存储、管理和处理，承担主服务器的功能，在信息系统中起着核心作用。

小型计算机是一种供中小企业（或某一部门）完成信息处理任务的计算机，具有结构简单、成本较低、不需要长期培训就可以维护和使用的特点，可以支持的并发用户数目比较少。

微型计算机具有轻、小、（价）廉、易（用）的特点，由用户直接使用，一般只处理一个用户的任务，分为台式机和便携机两大类。

工作站是介于小型计算机和微型计算机之间的一种高档计算机，具有较强的数据处理能力、高性能的图形功能和内置的网络功能，如 HP、SUN 公司生产的工作站。这里所说的工作站与网络中所说的工作站含义不同，后者很可能是指一台普通的个人计算机。

服务器具有功能强大的处理能力、容量很大的存储器以及快速的输入、输出通道和联网能力。通常它的处理器由高端微处理芯片组成。

1.1.3 计算机的应用

计算机问世之初，主要用于数值计算，"计算机"也因此得名。而今的计算机几乎和所有学科相结合，在经济社会各方面起着越来越重要的作用。现在，计算机在交通、金融、企业管理、教育、商业等各行各业中得到广泛应用。

1. 科学计算

科学计算主要是使用计算机进行数学方法的实现和应用，是计算机最早且最重要的应用领域，这从它的名称 Calculator 就可以看出。该领域对计算机的要求是速度快、精度高、存储容量大。在科学研究和工程设计中，对于复杂的数学计算问题，如核反应方程式、卫星轨道、材料的受力分析、天气预报等的计算，航天飞机、汽车、桥梁等的设计，使用计算机可以快速、及时、准确地获得计算结果。

2. 实时控制

实时控制系统是指能够及时收集、检测数据，进行快速处理并自动控制被处理对象操作的计算机系统。这个系统的核心是计算机控制整个处理过程，实时控制不仅是控制手段的改变，更重要的是它的适应性大大提高，它可以通过参数设定、改变处理流程实现不同过程的控制，有助于提高生产质量和生产效率。

3. 数据处理与信息加工

数据处理是指非科技工程方面的所有计算、管理和任何形式数据资料的处理，包括办公自动化（Office Automation，OA）和管理信息系统（Management Information System，MIS），如企业管理、进销存管理、情报检索、公文函件处理、报表统计、飞机票订票系统等。数据处理与信息加工已深入到社会的各个方面，它是计算机特别是微型计算机的主要应用领域。

4. 计算机辅助

计算机辅助是计算机应用的一个非常广泛的领域，计算机辅助系统包括计算机辅助设计（Computer-Aided Design，CAD）、计算机辅助制造（Computer-Aided Manufacturing，CAM）、计算机辅助教育（Computer-Aided Instruction，CAI）、计算机辅助测试（Computer-Aided Test，CAT）、计算机仿真模拟（Computer Simulation）等。

计算机辅助设计是指利用计算机来辅助设计人员进行设计工作，如机械设计、工程设计、电路设计等，利用 CAD 技术可以提高设计质量、缩短设计周期、提高设计自动化水平。计算机辅助制造是指利用计算机进行生产设备的管理、控制和操作，从而提高产品质量，降低成本，缩短生产周期，并且能够大大改善制造人员的工作条件。计算机辅助教育是指利用计算机帮助学习的自学系统，将教学内容、教学方法和学生的学习情况等存储在计算机中，使学生在轻松自如的环境中完成课程的学习。计算机辅助测试是指利用计算机来进行复杂、大量的测试工作。计算机仿真模拟是计算机辅助的重要方面，如核爆炸和地震灾害的模拟，可以帮助人们进一步认识被模拟对象的特征。

5. 人工智能

人工智能的主要目的是用计算机来模拟人的智能，其主要任务是建立智能信息处理理论，进而设计出可以展现某些近似人类智能行为的计算机系统。目前的主要应用方向有机器人、专家系统、模式识别和智能检索等。

6. 网络与通信

将一个建筑物内的计算机和世界各地的计算机通过电话交换网等方式连接起来，就可以构成一个巨大的计算机网络系统，做到资源共享。计算机网络的应用所涉及的主要技术是网络互联技术、路由技术、数据通信技术以及信息浏览技术和网络安全等。

计算机通信几乎就是现代通信的代名词，如众所周知的移动通信就是基于计算机技术的通信方式。

7. 数字娱乐

运用计算机网络进行娱乐活动，对许多计算机用户来说非常熟悉。网络上有各种丰富的电影、电视资源，有通过网络和计算机进行的游戏，甚至还有国际性的网络游戏组织和赛事。数字娱乐的另一个重要发展方向是计算机和电视的组合——"数字电视"走入家庭，使传统电视的单向播放进入交互模式。

1.1.4 计算机的新技术

计算机技术在日新月异地发展，从现在的技术层面看，今后将会快速发展的新技术包括嵌入式技术、网格计算和中间件技术等。

1. 嵌入式技术

嵌入式技术是将计算机作为一个信息处理部件，嵌入到应用系统中的一种技术，即将软件固化集成到硬件系统中，将硬件系统和软件系统一体化。嵌入式系统主要由嵌入式处理器、外围硬件设备、嵌入式操作系统以及特定的应用程序 4 个部分组成，是集软件、硬件于一体的可独立工作的"器件"，用于实现对其他设备的控制、监视或管理功能。嵌入式系统对功能、可靠性、成本、体积、功耗等有严格要求，以提高执行速度。

嵌入式技术具有软件代码小、高度自动化和响应速度快等特点，其应用也日益广泛，各种家用电器如电冰箱、自动洗衣机、数字电视机等广泛应用该技术。

2. 网格计算

随着科学的进步，世界上每时每刻都在产生着海量的信息。例如，一台高能粒子对撞机每年所获取的数据用 100 万台微型计算机的硬盘都装不下，而分析这些数据则需要更大的计算能力。面对这样海量的计算量，高性能计算机也束手无策。于是，人们把目光投向了当今世界大约数亿台在大部分时间里处于闲置状态的微型计算机。假如有一种技术可以自动搜索到这些闲置微型计算机，并将它们并联起来，它所形成的计算能力将超过许多高性能计算机。网格计算的出现就诞生于这种思想，而它所带来的革命将改变整个计算机世界的格局。

网格计算是专门针对复杂科学计算的新型计算模式，这种计算模式是利用互联网把分散在不同地理位置的计算机组织成一个"虚拟的超级计算机"，其中每一台参与计算的计算机作为一个"节点"，而整个计算是由成千上万个"节点"组成的"一张网络"，所以称为网格计算。它有两个优势：一是数据处理能力超强；二是能充分利用网络上的闲置处理能力。

网格计算技术是一场计算革命，它将全世界的计算机联合起来协同工作，被人们视为 21 世纪的新型网络基础架构。当前妨碍网格计算技术发展和普及的一个因素是连接费用较高，而随着廉价的宽带网络业务的普及，这种情况将会改变。

3. 中间件技术

中间件是介于应用软件和操作系统之间的系统软件。在中间件出现之前，多采用传统的客户机/服务器（C/S）模式，到 20 世纪 90 年代初，出现了一种在客户端和服务器之间增加一组服务的新思想，即中间件技术，如图 1-1 所示。

这些组件是通用的，基于某一标准，其他应用程序可以使用它们提供的应用程序接口调用组件，完成所需的操作。例如，连接数据库所使用的开放数据库互连（Open DateBase Connectivity，ODBC）就是一种标准的数据库中间件，它是 Windows 操作系统自带的服务，可以通过 ODBC 连接各种类型的数据库。

目前，中间件技术已经发展成为企业应用的主流技术，并形成各种不同类别，如交易中

客户机　　　　　　　　　　　　　　　　　服务器

图 1-1　中间件技术

间件、专有系统中间件、面向对象中间件、数据存取中间件、远程调用中间件等。

1.2　计算机中的数制和存储单位

1.2.1　进位计数制

1. 数制的概念

按进位的原则进行计数称为进位计数制，简称"数制"。

数学运算中一般采用十进制，而在日常生活中，除了采用十进制计数外，还采用其他的进制来计数。例如，时间的计算采用的是六十进制，60 分钟为 1 小时，60 秒为 1 分钟，计数特点为"逢六十进一"；年份的计算采用的是十二进制，12 个月为一年，计数特点为"逢十二进一"。

在进位计数制中，数字的个数叫做"基数"，十进制是现实生活中最常用的一种进位计数制，由 0、1、2、3、4、…、9 等 10 个数字组成，所以说十进制的基数是 10。除此还有二进制、八进制和十六进制。

2. 数制的表示形式

各种进位计数值都可统一表示为下面的形式：

$$\sum_{i=n}^{m} a_i R^i$$

说明：

1）R 表示进位计数制的基数，在十进制、二进制、八进制、十六进制中 R 的值分别为 10、2、8、16。

2）i 表示位序号，个位为 0，向高位（左边）依次加 1，向低位（右边）依次减 1。

3）a_i 表示第 i 位上的一个数符，其取值范围为 0 ~ R − 1。

4）R^i 表示第 i 位上的权。

5）n 和 m 表示最低位和最高位的位序号。

一切进位计数制都有两个基本特点：

1）按基数进、借位。

2）用位权值来计数。

所谓按基数进、借位，就是在执行加法或减法时，要遵循"逢 R 进一，借一当 R"的规则。因此，R 进制的最大数符为 R − 1，而不是 R，每个数符只能用一个字符表示。

3. 常用的计数制

（1）十进制　十进制的基数为 10，它有 10 个数符：0，1，2，3，4，5，6，7，8，9。十进制数逢十进一，各位的权是以 10 为底的幂，书写时数字用括号括起来，再加上下标 10。对十进制，下标通常省略不写。也可以在数字后加字母 D 表示（通常省略不写）。例如，

$$345.56 = (345.56)_{10} = 3 \times 10^2 + 4 \times 10^1 + 5 \times 10^0 + 5 \times 10^{-1} + 6 \times 10^{-2}$$

（2）二进制　二进制的基数为 2，只有两个数符：0，1。二进制数逢二进一，各位的权是以 2 为底的幂，书写时数字用括号括起来，再加上下标 2。也可以在数字后加字母 B 表示。例如，

$$(11101.101)_2 = 1 \times 2^4 + 1 \times 2^3 + 1 \times 2^2 + 0 \times 2^1 + 1 \times 2^0 + 1 \times 2^{-1} + 0 \times 2^{-2} + 1 \times 2^{-3}$$

在计算机内数据一律采用二进制。这是由于二进制具有容易表示、运算简单、方便和运行可靠的特点。

（3）八进制　八进制的基数为 8，它有 8 个数符：0，1，2，…，6，7。八进制数逢八进一，各位的权是以 8 为底的幂，书写时数字用括号括起来，再加上下标 8。也可以在数字后加字母 O 表示。例如，

$$(753.65)_8 = 7 \times 8^2 + 5 \times 8^1 + 3 \times 8^0 + 6 \times 8^{-1} + 5 \times 8^{-2}$$

（4）十六进制　十六进制的基数为 16，它有 16 个数符：0，1，2，3，…，8，9，A，B，C，D，E，F。十六进制数逢十六进一，各位的权是以 16 为底的幂，书写时数字用括号括起来，再加上下标 16。也可以在数字后加字母 H 表示。

遵循每个数符只能用一个字符表示的原则，在十六进制中对值大于 9 的 6 个数（即 10~15）分别借用 A~F 这 6 个字母来表示。例如，

$$(A85.76)_{16} = 10 \times 16^2 + 8 \times 16^1 + 5 \times 16^0 + 7 \times 16^{-1} + 6 \times 16^{-2}$$

八进制或十六进制经常用在汇编语言程序或显示存储单元的内容显示中。

1.2.2　不同数制之间的转换

1. 二进制、八进制、十六进制转换为十进制

若要将二进制、八进制、十六进制数转换为十进制数，可以按照数制的表示形式按权展开，很容易地计算出相应的十进制数。例如，

$$(11101.101)_2 = 1 \times 2^4 + 1 \times 2^3 + 1 \times 2^2 + 0 \times 2^1 + 1 \times 2^0 + 1 \times 2^{-1} + 0 \times 2^{-2} + 1 \times 2^{-3} = 29.625$$

$$(753.65)_8 = 7 \times 8^2 + 5 \times 8^1 + 3 \times 8^0 + 6 \times 8^{-1} + 5 \times 8^{-2} = 491.828125$$

$$(A85.76)_{16} = 10 \times 16^2 + 8 \times 16^1 + 5 \times 16^0 + 7 \times 16^{-1} + 6 \times 16^{-2} = 2693.4609375$$

2. 十进制转换为二进制、八进制、十六进制

将十进制数转换为二进制、八进制、十六进制数，其整数部分和小数部分的转换规则如下。

1）整数部分用除 R（基数）取余法则（规则：先余为低，后余为高）。

2）小数部分用乘 R（基数）取整法则（规则：先整为高，后整为低）。

例如，将 $(29.65)_{10}$ 转换为二进制表示。

1）用"除 2 取余"法先求出整数 29 对应的二进制数。

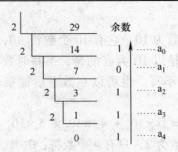

2）用“乘 2 取整”法求出小数 0.625 对应的二进制数。

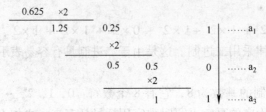

由此可得 $(29.625)_{10} = (11101.101)_2$

3. 二进制与八进制、十六进制之间的转换

从 $2^3 = 8$、$2^4 = 16$ 可以看出，每位八进制数可用 3 位二进制数表示，每位十六进制数可用 4 位二进制数表示，如表 1-1 和表 1-2 所示。

表 1-1　二进制与八进制之间的转换

八进制数	0	1	2	3	4	5	6	7
二进制数	000	001	010	011	100	101	110	111

表 1-2　二进制与十六进制之间的转换

十六进制	0	1	2	3	4	5	6	7
二进制	0000	0001	0010	0011	0100	0101	0110	0111
十六进制	8	9	A	B	C	D	E	F
二进制	1000	1001	1010	1011	1100	1101	1110	1111

（1）八进制、十六进制转换为二进制　只要把八进制数或十六进制每位的数展开为 3 位或 4 位二进制数，最后去掉整数首部的 0 或小数尾部的 0 即可。例如，

$(753.65)_8 = \underline{111}\ \underline{101}\ \underline{011}.\ \underline{110}\ \underline{101}$ 　　　　　将每位展开为 3 位二进制数

$= (111101011.110101)_2$ 　　　　　转换后的二进制数

$(A85.76)_{16} = \underline{1010}\ \underline{1000}\ \underline{0101}.\ \underline{0111}\ \underline{0110}$ 　　　　　将每位展开为 4 位二进制数

$= (101010000101.0111011)_2$ 　　　　　去掉尾部的“0”

（2）二进制转换为八进制、十六进制　以小数点为中心，分别向左、右每三位或四位分成一组，不足三位或四位的则以“0”补足，然后将每个分组用一位对应的八进制数或十六进制数代替即可，这就是转换为八进制或十六进制的结果。例如，

$(11101.101)_2 = \underline{011}\ \underline{101}.\ \underline{101}$ 　　　　　每三位分成一组

$= (35.5)_8$ 　　　　　转换后的结果

$$（11101.101）_2 = \underline{0001}\ \underline{1101}.\ \underline{1010} \quad 每四位分成一组$$
$$= （1D.A）_{16} \quad 转换后的结果$$

1.2.3 计算机中的信息单位

1. 位

位（bit）是度量数据的最小单位，在数字电路和计算机技术中采用二进制，代码只有 0 和 1，其中无论 0 还是 1 在中央处理器（CPU）中都是 1 位。

2. 字节

1 字节（Byte）由 8 位二进制数字组成（1Byte = 8bit）。字节是信息组织和存储的基本单位，也是计算机体系结构的基本单位。

早期的计算机并无字节的概念。20 世纪 50 年代中期，随着计算机逐渐从单纯用于科学计算扩展到数据处理领域，为了在体系结构上兼顾"数"和"字符"，就出现了"字节"。IBM 公司在设计其第一台超级计算机时，根据数值运算的需要，定义机器字长为 64bit，并决定用 8bit 表示一个字符。这样，64 位字长可容纳 8 个字符，设计人员把它叫做 8 字节，这就是字节的由来。

为了便于衡量存储器的大小，统一以字节（Byte，B）为单位。常用的是

K 字节	1KB = 1024B
M 字节	1MB = 1024KB
G 字节	1GB = 1024MB
T 字节	1TB = 1024GB

1.3 计算机系统

计算机系统包括硬件系统和软件系统。计算机硬件系统是指构成计算机的所有实体部件的集合，通常这些部件由电子器件、机械装置等物理部件组成。计算机软件系统是指在硬件设备上运行的各种程序以及有关资料。

1.3.1 计算机硬件系统

尽管各种计算机在性能、用途和规模上有所不同，但都基于同样的基本原理：以二进制数和程序存储控制为基础，基本结构都遵循冯·诺依曼体系结构，这种结构的计算机主要由运算器、控制器、存储器、输入及输出（I/O）设备 5 个部分组成，如图 1-2 所示。

在介绍计算机的五大组成部分之前，首先了解总线的概念。

为了节省计算机硬件连接的信号线，简化电路结构，计算机各部件之间采用公共通道进行信息传送和控制。计算机部件之间分时地占用着公共通道进行数据的控制和传送，这样的通道简称为总线，它包含了运算器、控制器、存储器、I/O 部件之间进行信息交换和控制传递所需要的全部信号，按照信号的性质划分，总线一般又分为如下 3 个部分：

1）数据总线（DB）。数据总线用来传输数据信息，它是双向传输的总线，CPU 既可以通过数据总线从内存或输入设备读入数据，又可以通过数据总线将内部数据送至内存或输出设备。数据总线的位数是计算机的一个重要指标，它体现了传输数据的能力，通常与 CPU

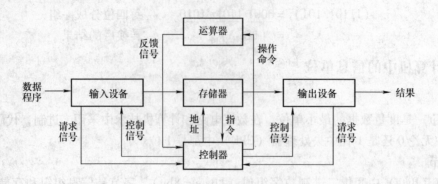

图 1-2　计算机系统的硬件组成

的位数相对应。

2）地址总线（AB）。地址总线用来传送 CPU 发出的地址信号，是一条单向传输线，目的是指明与 CPU 交换信息的内存单元或输入/输出设备的地址。由于地址总线传输地址信息，所以地址总线的位数决定了 CPU 可以直接寻址的内存范围。

3）控制总线（CB）。控制总线用来传送控制信号、时序信号和状态信息等。其中有的是 CPU 向内存和外部设备发出的控制信号，有的则是内存或外部设备向 CPU 传送的状态信息。

1. 运算器

运算器是执行算术运算和逻辑运算的部件，其任务是对信息进行加工处理。运算器由算术逻辑单元（Arithmetic Logical Unit，ALU）、累加器、状态寄存器和通用寄存器等组成。

ALU 是对数据进行加、减、乘、除算术运算，与、或、非逻辑运算及移位、求补等操作的部件。累加器用来暂存操作数和运算结果。状态寄存器（或称为标志寄存器）用来存放算术逻辑单元在工作中产生的状态信息。通用寄存器用来暂存操作数或数据地址。

运算器的性能指标是衡量整个计算机性能的重要因素之一，与运算器相关的性能指标包括计算机的字长和速度。ALU、累加器和通用寄存器的位数决定了 CPU 的字长。例如，在64 位字长的 CPU 中，ALU、累加器和通用寄存器都是 32 位的。运算器的性能主要由每秒执行百万指令（Million Instructions Per Second，MIPS）来衡量。

2. 控制器

根据程序的指令，控制器向各个部件发出控制信息，以达到控制整个计算机运行的目的，因此控制器是计算机的"神经中枢"。

控制器在主频时钟的协调下，使计算机各部件按照指令的要求有条不紊地工作。它不断地从存储器中取出指令，分析指令的含义，根据指令的要求发出控制信号，进而使计算机各部件协调地工作。

控制器和运算器是计算机的核心部件，这两部分合称为中央处理器（Central Processing Unit，CPU）。CPU 负责解释计算机指令，执行各种控制操作与运算，是计算机的核心部件。从某种意义上说，CPU 的性能决定了计算机的性能。目前市场上计算机的 CPU 芯片主要由 Intel、AMD 及 CYRIX 公司提供。

除此之外，衡量 CPU 性能的另一指标为数据宽度，数据宽度有 8 位、16 位、32 位及 64 位等。80286 是 16 位的，80386、80486 及 Pentium 是 32 位的，Core2 是 64 位的。

3. 存储器

主存储器（Main Memory）是计算机的记忆装置，用来存储当前要执行的程序、数据以及结果。所以，存储器应该具备存数和取数功能。存数是指往存储器"写入"数据；取数是指从存储器"读取"数据。读写操作统称为对存储器的访问。

存储器分为内存储器（简称内存）和外存储器（简称外存）两类。中央处理器（CPU）只能直接访问存储在内存中的数据。外存中的数据只能先调入内存后，才能被中央处理器访问和处理。

4. 输入/输出设备

输入/输出设备简称 I/O 设备，有时也称为外部设备，是计算机系统不可缺少的组成部分，是计算机与外部世界进行信息交换的中介，是人与计算机联系的桥梁。

输入设备是用来向计算机输入命令、程序、数据、文本、图形、图像、音频和视频等信息的。其主要作用是把人们可读的信息转换为计算机能识别的二进制代码输入计算机，供计算机处理。例如，在用键盘输入信息时，敲击它的每个键位都能产生相应的电信号，再由电路板转换成相应的二进制代码送入计算机。目前常用的输入设备有键盘、鼠标、扫描仪等。

输出设备是将计算机处理后的各种内部格式的信息转换为人们能识别的形式（如文字、图形、图像和声音等）表达出来。例如，在纸上打印出印刷符号或在屏幕上显示字符、图形等。常见的输出设备有显示器、打印机、绘图仪和音箱等，它们分别能把信息直观地显示在屏幕上或打印出来。

1.3.2 计算机软件系统

计算机软件系统分为系统软件和应用软件两大类。系统软件是面向计算机硬件系统本身的软件，可解决普遍性问题，是人们学习使用计算机的首要软件；而应用软件是指面向特定问题处理的软件，可解决特殊性问题，应用软件是在系统软件的支持下运行的。

1. 系统软件

系统软件是计算机系统必备的软件，它的主要功能是管理、监控和维护计算机资源（包括硬件资源和软件资源）以及开发应用软件。系统软件可以看做是用户与硬件系统的接口，为用户和应用软件提供了控制和访问硬件的手段。系统软件包括操作系统、语言处理程序、支撑服务程序和数据库管理系统。

（1）操作系统　操作系统（Operating System）是用户使用计算机的界面，是位于底层的系统软件，其他系统软件和应用软件都是在操作系统上运行的。操作系统主要用来对计算机系统中的各种软、硬件资源进行统一的管理和调度。因此，可以说操作系统是计算机软件系统中最重要、最基本的系统软件。计算机的操作系统在 20 世纪 80 年代是字符界面的 MS-DOS，在 21 世纪 90 年代起逐渐成为图形界面的 Windows。

1）操作系统的组成。计算机系统的系统资源包括 CPU、内存、输入/输出设备及存储在外存中的信息。因此，操作系统由以下 4 个部分组成：

- 对 CPU 的使用进行管理的进程调度程序。
- 对内存分配进行管理的内存管理程序。
- 对输入/输出设备进行管理的设备驱动程序。
- 对外存中信息进行管理的文件系统。

2）操作系统的功能。

● 处理机管理。处理机管理就是对处理机的"时间"进行动态管理，以便能将 CPU 真正合理地分配给每个需要占用 CPU 的任务。

● 存储管理。存储管理就是要根据用户程序的要求为其分配主存储区域。当多个程序共享有限的内存资源时，操作系统就按某种分配原则，为每个程序分配内存空间，使各用户的程序和数据彼此隔离，互不干扰及破坏；当某个用户程序工作结束时，要及时收回它所占的主存区域，以便再装入其他程序。

● 设备管理。操作系统对设备的管理主要体现在两个方面：一方面它提供了用户和外设的接口，用户只需通过键盘命令或程序向操作系统提出使用设备的申请，操作系统中的设备管理程序就能实现外部设备的分配、启动、回收和故障处理；另一方面，为了提高设备的效率和利用率，操作系统还采取了缓冲技术和虚拟设备技术，尽可能使外设与处理器并行工作，以解决快速 CPU 与慢速外设的矛盾。

● 文件管理。文件管理的任务是有效地支持文件的存储、检索和修改等操作，解决文件的共享、保密和保护问题，以便用户安全、方便地访问文件。通常由操作系统中的文件系统来完成这一功能。

● 作业管理。作业管理包括任务管理、界面管理、人机交互、图形界面、语音控制和虚拟现实等。作业管理的任务是为用户提供一个使用系统的良好环境，使用户能有效地组织自己的工作流程。

（2）语言处理程序　使用各种高级语言（如汇编语言、FORTRAN、Pascal、C、C＋＋、C#、Java 等）开发的程序，计算机是不能直接执行的，必须经过翻译（对汇编语言源程序是汇编，对高级语言源程序则是编译或解释），将它们翻译成机器可执行的二进制语言程序（也就是机器语言程序）。这些完成翻译工作的翻译程序就是语言处理程序，包括汇编程序（Assembler）、编译程序和解释程序。

（3）系统支撑服务程序　系统支撑服务程序又称为实用程序，如系统诊断程序、调试程序、排错程序、编辑程序及查杀病毒程序等。这些程序都是用来维护计算机系统的正常运行或进行系统开发的。

（4）数据库管理系统　数据库管理系统用来建立存储各种数据资料的数据库，并对其进行操作和维护。在微型计算机上使用的关系型数据库管理系统有 Access、SQLServer 和 Oracle等。

2. 应用软件

为解决各种计算机应用问题而编制的应用程序称为应用软件，它具有很强的实用性，如工资管理程序、图书资料检索程序、办公自动化软件等。应用软件又分为用户程序和应用软件包两种。

（1）用户程序　用户为解决自己的问题而开发的软件称为用户程序，如各种计算程序、数据处理程序、工程设计程序、自动控制程序、企业管理程序和情报检索程序等。

（2）应用软件包　应用软件包是为实现某种特殊功能或特殊计算而设计的软件系统，可以满足同类应用的许多用户。一般来讲，各种行业都有适合自己使用的应用软件包。例如，用于办公自动化的 Office，它包含有字处理软件 Word、电子表格软件 Excel、文稿演示软件 PowerPoint、数据库软件 Access 和电子邮件管理程序 Outlook 等。

3. 计算机语言知识

（1）程序设计语言　使用计算机解决问题就需要编写程序，编写计算机程序就必须掌握计算机的程序设计语言。程序设计语言分为三类：机器语言、汇编语言和高级语言。

1）机器语言。一台计算机中所有指令的集合称为该计算机的指令系统，这些指令就是机器语言，它是一种二进制语言。

由于计算机的机器指令和计算机的硬件密切相关，所以用机器语言编写的程序不仅能直接在计算机上运行，而且具有能充分发挥硬件功能的特点，程序简洁，运行速度快。但用机器语言编写的程序不直观、难懂、难记、难写、难以修改和维护。另外，机器语言是每一种计算机所固有的，不同类型的计算机其指令系统和指令格式不同，因此机器语言程序没有通用性，是面向机器的语言。

2）汇编语言。鉴于机器语言的难记缺点，人们用符号（称为助记符）来代替机器语言中的二进制代码，设计了汇编语言。汇编语言与机器语言基本上是一一对应的，由于它采用助记符来代替操作码，用符号来表示操作数地址（地址码），所以便于记忆，如用 ADD 表示加法、MOV 表示传送等。

用汇编语言编写的程序具有质量高、执行速度快、占用内存少的特点，因此目前常用来编写系统软件、实时控制程序等。汇编语言同样是面向机器的语言，机器语言所具有的缺点，汇编语言也都有，只不过程度上不同而已。

3）高级语言。高级语言与汇编语言相比，具有下面的优点：接近于自然语言（一般采用英语单词表达语句），便于理解、记忆和掌握；语句与机器指令不存在一一对应的关系，一条语句通常对应多个机器指令；通用性强，基本上与具体的计算机无关，编程者无需了解具体的机器指令。

高级语言的种类非常多，如结构化程序设计语言 Fortran、ALGOL、COBOL、C、Pascal、Basic、LISP、LOGO、PROLOG、FoxBASE 等，面向对象的程序设计语言 Visual Basic、Visual C＋＋、Visual FoxPro、Delphi、PowerBuild、C#、Java 等。

（2）语言处理程序　计算机只能执行机器语言程序，因此用汇编或高级语言编写的程序（称为源程序）必须使用语言处理程序将其翻译成计算机可以执行的机器语言后，程序才能得以执行。语言处理程序包括汇编程序、解释程序和编译程序。

1）汇编程序。把汇编语言编写的源程序翻译成机器可执行的目标程序，是由汇编程序来完成翻译的，这种翻译过程称为汇编。

2）解释程序。解释程序接收到源程序后对源程序的每条语句逐句进行解释并执行，最后得出结果。也就是说，解释程序对源程序一边翻译一边执行，因此不产生目标程序。与编译程序相比，解释程序的速度要慢得多，但它占用的内存少，对源程序的修改比较方便。

3）编译程序。编译程序将高级语言源程序全部翻译成与之等价的、用机器指令表示的目标程序，然后执行目标程序，得出运算结果。

解释方式和编译方式各有优缺点。解释方式的优点是占用内存少、灵活，但与编译方式相比要占用更多的机器时间，并且执行过程也离不开翻译程序。编译方式的优点是执行速度快，但占用较多的内存，并且不灵活，若源程序有错的话，必须修改后重新编译，从头执行。

1.4 微型计算机

1.4.1 微型计算机的硬件组成

1. 微处理器

微处理器（Micro Processor Unit，MPU）包括运算器和控制器两大部件，它是计算机的核心部件。MPU 是一个体积不大而元件的集成度非常高、功能强大的芯片。计算机的所有操作都要受到 MPU 的控制，所以它的品质直接影响整个计算机系统的性能。

MPU 的性能指标主要有字长和时钟主频两个。随着 MPU 主频的不断提高，它对内存 RAM 的存取更快了，而 RAM 的响应速度达不到 MPU 的速度，称为整个系统的"瓶颈"。为了协调 MPU 与 RAM 之间的速度差问题，在 MPU 芯片中又集成了高速缓冲存储器（Cache），一般主流大小为 2048KB。

2. 存储器

存储器（Memory）是用来存储程序和数据的记忆部件，是计算机中各种信息的存储和交流中心。存储器的功能与录音机类似，使用时可以取出原记录的内容而不破坏其信息（存储器的"读"操作）；也可以将原来保存的内容抹去，重新记录新的内容（存储器的"写"操作）。

存储器分为内部存储器和外部存储器。

（1）内部存储器　内部存储器也称为内存，由大规模集成电路存储器芯片组成，用来存储计算机运行中的各种数据。内存分为 RAM、ROM 及 Cache。

1）RAM。RAM 为 Random Access Memory 的缩写，中文名为"随机读写存储器"，既可从中读取信息，也可向其写入信息。在开机之前 RAM 上中没有信息，开机后操作系统对其使用进行管理，关机后其中存储的信息都会消失。RAM 中的信息可随时改变。

2）ROM。ROM 为 Read Only Memory 的缩写，中文名为"只读存储器"，即只能从中读取信息，不可向其写入信息。在开机之前 ROM 中已经存有信息，关机后其中的信息不会消失，ROM 中的信息不改变。

3）Cache。Cache 中文名叫做"高速缓冲存储器"，在不同速度的设备之间交换信息时起缓冲作用。相比 RAM 和 ROM，其读取速度最快。

（2）外部存储器　外部存储器也称为辅助存储器或外存，用做内存的后备与补充，其特点是容量大、价格低、可长期保存信息。外存储器是计算机中的外部设备，用来存放大量的暂时不参加运算或处理的数据和程序，计算机若要运行存储在外存中的某个程序，必须将它从外存读到内存中才能执行。

1）硬盘。硬盘是由若干个硬盘片组成的盘片组固定安装在驱动器中的磁盘存储器。其主要特点是将盘片、磁头、电动机驱动部件乃至读/写电路等做成一个不可随意拆卸的整体，并密封起来。所以防尘性好、可靠性高，对环境要求不高。

硬盘通常有很大容量，常以千兆字节（GB）为单位，转速有 5400r/min（转/分钟）和 7200r/min 两种。硬盘容量大、转速快、存取速度高，但不便携带。

2）光盘。光盘是一种新型的信息存储设备，目前已经成为微型计算机的标准配置设备。光盘具有存储容量大、可长期保存等优点。

光盘有只读型光盘（Compact Disk-Read Only Memory，CD-ROM），用户只能读出光盘上录制好的信息，而不能写入信息；一次性写入光盘只能向光盘中写入一次信息，且只能读取光盘上的内容；可擦除型光盘与一般的硬盘一样可以不断地读写光盘上的内容。

新一代数字多功能光盘（Digital Versatile Disc，DVD），它的大小与 CD-ROM 光盘的大小相同，但这种光盘容量更大，单面单层的 DVD 可存储 4.7GB 的信息，双面双层的 DVD 最高可存储 17.8GB 的信息。DVD 有 3 种格式，即只读数字光盘、一次性写入光盘和可重复写入的光盘。

3）U 盘。U 盘是一种基于 USB 接口的无需驱动器的微型高容量活动盘，与传统的存储设备相比，U 盘具有体积小、容量大、即插即用、存取速度快、可靠性好、抗震防潮及携带方便等特点。

3. 输入设备

（1）键盘　键盘是用户和计算机进行交流的主要输入工具，键盘的每一个按键相当于对应按键的机械开关闭合，产生一个信号，由键盘电路将编码输入到计算机进行处理。按其结构可分为机械式、薄膜式及电容式。目前常用的键盘有 3 种：标准键盘（有 83 个按键）、增强键盘（有 101 个按键）和微软自然键盘（有 104 个按键）。

键盘按键包括数字键、字母键、符号键、功能键和控制键。

（2）鼠标　鼠标是一种光标移动及定位设备。从外形上看，鼠标是一个可以握在手掌中的小盒子，通过一条电缆线与计算机连接，就像老鼠拖着一条长尾巴。在某些软件中，使用鼠标比键盘更方便。

鼠标可以分为机械式、光电式、半机械半光电和网络式等。

鼠标上的按键有两键的，也有三键的，网络鼠标上带有一个滚轮或按键，通过它们可以直接拖动浏览网页。

（3）其他输入设备　扫描仪是一种图形、图像输入设备，它可以将图形、图像、照片或文本输入计算机中。如果是文本文件，扫描后经文字识别软件进行识别，便可以保存文字。现有 USB 接口的扫描仪支持热插拔，使用方便，可配备在多媒体计算机上使用。

绘图机可以绘制计算机处理好的图样。其绘制速度快、绘制质量高，因而常使用在计算机辅助设计（CAD）等领域中。

条形码阅读器是一种能够识别条形码的扫描装置，连接在计算机上使用。当阅读器扫描条形码时，就把不同宽窄的黑白条纹翻译成相应的编码供计算机使用。许多自选商场和图书馆都在使用该设备管理商品和图书。

除上述输入设备以外，还有触摸屏、照相机、手写笔、声音输入设备等。

4. 输出设备

（1）显示器　显示器属于输出设备，用于显示主机的运行结果。它以可见光的形式传递和处理信息。

显示器按所采用的显示器件可分为阴极射线管（Cathode Ray Tube，CRT）显示器、液晶显示器（Liquid Crystal Display，LCD）和等离子显示器等。

近年来，液晶显示器已逐步取代 CRT 显示器，普及率越来越高，成为笔记本电脑和掌上计算机的主要显示设备，在投影机中，它也扮演着非常重要的角色，而且它开始逐渐进入到桌面显示器市场中。

与 CRT 显示器相比，液晶显示器的显著特点有：一是机身薄，节省空间，与比较笨重的 CRT 显示器相比，液晶显示器只要前者 1/3 的空间；二是省电，不产生高温，属于低耗电产品，可以做到完全不发热（主要耗电和发热部分存在于背光灯管或 LED），而 CRT 显示器，因显像技术不可避免产生高温；三是无辐射，益健康，液晶显示器完全无辐射，这对于整天在计算机前工作的人来说是一个福音；四是画面柔和不伤眼，可以减少显示器对眼睛的伤害，眼睛不容易疲劳。

显示器的分辨率表示为水平分辨率（一个扫描行中像素的数目）和垂直分辨率（扫描行的数目）的乘积，如 1024×768。分辨率越高，图像就越清晰。点距是 CRT 彩色显示器的一项重要的技术指标，它指的是屏幕上相邻两个颜色相向的荧光点之间的最小距离。点距越小，显示器的分辨率就越高。点距的单位为 mm。目前，显示器的点距在 $0.20 \sim 0.28$ mm 之间。

（2）打印机　打印机属于输出设备，用于打印主机发送的信息。打印机分为两大类：击打式与非击打式。击打式的有针式打印机；非击打式的有激光打印机、喷墨打印机、热敏打印机及静电打印机。

针式打印机靠打印头上的打印针撞击色带而在纸上留下字迹。其优点是造价低，耐用，可以打蜡纸和多层压感纸等。其缺点是精度低，噪声大，体积也较大而不易携带。

喷墨打印机的打印头没有打印针，而是一些打印孔。从这些孔中喷出墨水到纸上从而印上字迹。喷墨打印机的优点是宁静无噪声，精度比针式打印机高（一般为 360DPI、720DPI、1200DPI 等），有些型号的喷墨打印机的体积很小，便于携带，价格介于针式打印机与激光打印机之间。其缺点是不能打蜡纸和压感纸。

激光打印机把电信号转换成光信号，然后把字迹印在复印纸上。其工作原理与复印机相似。不同之处在于：复印机从原稿上用感光来获得信息，而激光打印机从计算机接收信息。激光打印机的优点是印字精度很高。现在的许多报纸、图书的出版稿都是由激光打印机打印的。另一个优点是安静，打印时只发出一点点声音。激光打印机的缺点是造价高，是一般打印机的 $2 \sim 3$ 倍，并且不能打蜡纸。激光打印机属于高档打印机。

5. 接口

接口是 CPU（或主机）与外部设备交换信息的部件，起"桥梁"作用。常用接口有以下几种。

（1）显示适配卡　显示适配卡也称为显示卡，用于主机与显示器之间的连接。

显示卡存储容量与显示质量有密切的关系，存储量越大，显示的图形质量就越高。微型计算机中所采用的显示卡主要有彩色图像显示控制卡（Color Graphics Adapter，CGA）、增强型图形显示控制卡（Enhanced Graphics Adapter，EGA）和视频图形显示控制卡（Video Graphics Array，VGA）等。目前流行的全是增强型的 VGA 显示卡，如 SVGA（Super VGA）和 TVGA，其分辨率可以达到 1024×768 像素、1024×1024 像素和 1280×1024 像素。

（2）硬盘适配器接口　用于硬盘与主机之间的数据交换。

（3）并行接口　拥有多条并行线路，一次可以传送多个二进制位，适用于近距离传送。打印机使用这种接口与主机通信。

（4）串行接口　一次只能传送一个二进制位，只要一条通信线路，适合远距离传送。鼠标、调制解调器（MODEM）可用此接口与主机通信。

（5）USB 接口　USB 是 Universal Serial Bus 的简写。USB 支持热插拔，有即插即用等优点，所以 USB 接口已经成为目前大多数外部设备的接口方式。USB 有两个规范，即 USB1.1 和 USB2.0。

1.4.2　微型计算机的性能指标

1. 主频

主频是指时钟频率，其单位是兆赫兹（MHz）。计算机的运算速度主要是由主频确定的，如购买计算机时提到酷睿 2 的 2.33G 中的 2.33G 说的就是计算机的主频（2330MHz）。主频越高，其运算速度也就越快。

2. 字长

字长是指计算机的运算器能同时处理的二进制数据的位数，它确定了计算机的运算精度，字长越长，计算机的运算精度就越高，其运算速度也越快。另外，字长也确定计算机指令的直接寻址能力。计算机的字长一般都是字节的 1、2、4、8 倍，如 286 微型计算机为 16 位，386、486、奔腾系列微型计算机为 32 位，酷睿微型计算机为 64 位。

3. 存储容量

存储容量分为内存容量和外存容量，这里主要指内存容量。内存储器中可以存储的信息总字节数称为内存容量。目前，酷睿微型计算机的内存容量一般都在 1GB 以上。内存容量越大，处理数据的范围就越广，运算速度一般也越快。

4. 存取周期

把信息存入存储器的过程称为"写"，把信息从存储器取出的过程称为"读"。存储器的访问时间（读写时间）是指存储器进行一次读或写操作所需的时间；存取周期是指连续启动两次独立的读或写操作所需的最短时间。目前，微型计算机的存取周期约为几十纳秒（ns）到一百纳秒。

5. 运算速度

运算速度是一项综合的性能指标，用每秒执行百万条指令（Million Instructions Per Second，MIPS）表示，计算机的主频和存取周期对运算速度的影响最大。

除上面提到的这些因素外，衡量一台计算机的性能指标还要考虑机器的兼容性、系统的可靠性、系统的可维护性、机器可以配置的外部设备的最大数目、计算机系统处理汉字的能力、数据库管理系统及网络功能等。性价比可以作为一项综合性评价计算机的性能指标。

第 2 章　Windows XP 操作系统

2.1　Windows XP 操作系统简介

Windows XP 是微软公司 2001 年推出的一款视窗操作系统。相比之前版本的操作系统，Windows XP 拥有更加亮丽的图形界面、强大的网络功能、丰富的多媒体功能，而且系统稳定性和安全性得到了改进，这是微软公司把所有用户要求融入一个操作系统的首次尝试。现在，Windows XP 是拥有个人用户最多的一款操作系统。

2.1.1　Windows XP 操作系统特点

1. 良好的兼容性

在硬件方面，Windows XP 只要求硬件的性能不低于其运行的最低配置，而对硬件的类型没有任何限制。当用户进行硬件升级时，Windows XP 会在第一时间提供相关的驱动程序下载。在软件方面，Windows XP 是当今支持应用软件最多、最丰富的操作系统。

2. 系统更稳定、安全

Windows XP 改正了之前版本存在的缺点，优化了图形界面，使用户与计算机的交互更加友好，避免了操作系统的频繁死机。另外，Windows XP 操作系统集成了防火墙，一定程度上保障了计算机的安全。

3. 管理方便快捷

在 Windows XP 操作系统下，无论是想要安装硬件还是软件，或更改配置，即使要重新安装操作系统都易如反掌。可视化的界面，亲切的向导过程，自动化的模式，让用户在不知不觉中就完成了要做的事情。在资源管理方面，用户可以一目了然计算机上的所有资源文件，操作起来快捷有序。

2.1.2　Windows XP 操作系统的运行环境

根据微软公司提供的说明，安装 Windows XP 的最低配置如下：

- CPU：Pentium/Celeron 或 AMD K6/Athlon/Duron450MHz。
- 内存：128MB。
- 硬盘：4G 并具有 2G 的自由空间。
- 显示器：SuperVGA（800×600）或分辨率更高的视频适配器和监视器。
- 其他配置：鼠标、键盘、CD-ROM。

上述配置只是 Windows XP 运行的最保守值，在实际过程中，CPU 主频至少 1GHz 以上，内存 256MB，硬盘 10GB 以上可用空间。

2.2 Windows XP 操作系统的界面及操作

2.2.1 实训案例

在任务栏上显示快速启动按钮，然后将相似任务进行分组，并将不活动的图标进行隐藏。

1. 案例分析

本案例主要涉及的知识点：修改任务栏属性。

2. 实现步骤

1）在任务栏的空白区域单击鼠标右键，出现快捷菜单，如图 2-1 所示。单击"属性"命令，打开"任务栏和'开始'菜单属性"对话框，如图 2-2 所示。

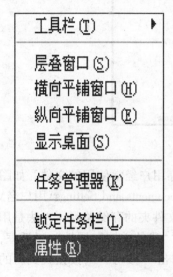

图 2-1 快捷菜单

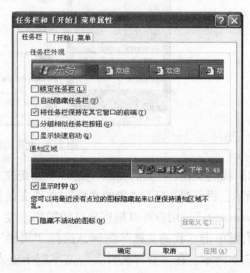

图 2-2 "任务栏和'开始'菜单属性"对话框

2）在"任务栏和'开始'菜单属性"对话框中选择"显示快速启动"和"分组相似任务栏按钮"复选框以及"隐藏不活动的图标"复选框，然后单击"确定"按钮。

2.2.2 桌面操作

桌面是用户启动计算机登录系统后看到的整个屏幕界面，如图 2-3 所示。它是用户和计算机进行交流的窗口。

图 2-3 Windows XP 桌面

1. 桌面图标

（1）桌面图标介绍　Windows XP 操作系统的桌面通常有以下 5 个图标。

1）我的电脑。"我的电脑"是 Windows XP 预先设置的一个系统文件夹，在该文件夹中包含了计算机的所有资源，是用户管理和使用计算机的最直接有效的工具。双击"我的电脑"图标，弹出如图 2-4 所示的"我的电脑"窗口。

图 2-4　"我的电脑"窗口

2）我的文档。"我的文档"是一个系统文件夹，用于保存用户经常使用的文件，如图 2-5 所示。默认情况下，"我的文档"文件夹的路径为"C：\Documents and Settings\用户名\My Documents"。用户可以根据自己的需要改变"我的文档"文件夹的存储路径，方法是用鼠标右键单击"我的文档"图标，选择"属性"命令，打开"'我的文档'属性"对话框，如图 2-6 所示。在"目标文件夹"文本框中输入新的路径或单击"移动…"按钮找到新的存储位置。

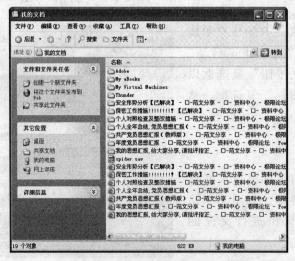

图 2-5　"我的文档"窗口

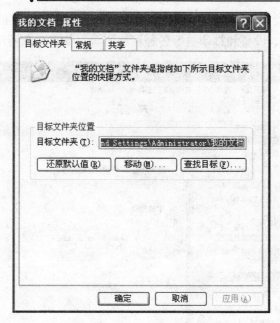

图 2-6　"'我的文档'属性"对话框

3）回收站。"回收站"是一个系统文件夹，用于存放工作过程中删除的文件和文件夹，如图 2-7 所示。对于扔进"回收站"的文件，如果用户需要，可以用鼠标右键单击相应文件，在弹出的快捷菜单中选择"还原"命令，则文件就会从"回收站"中"捡回来"（但从软盘、U 盘或网络驱动器中删除的文件或文件夹不会被放入"回收站"，而是被直接彻底删除）。

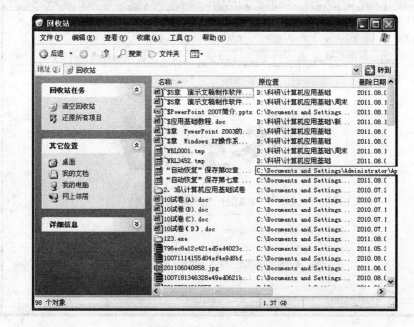

图 2-7　"回收站"窗口

4）网上邻居。在"网上邻居"中，用户可以查看并操作网络上的资源，如创建和设置网络连接以及共享数据、设备和打印机等各种网络资源，如图 2-8 所示。

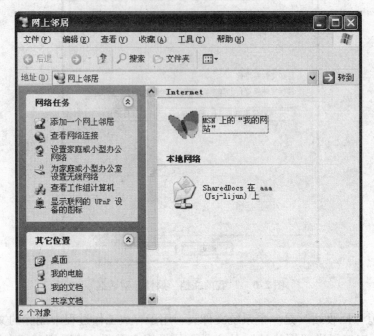

图 2-8 "网上邻居"窗口

5）Internet Explorer。Internet Explorer 是 Windows XP 操作系统集成的一款浏览器，简称 IE 浏览器，是用户登录 Internet，访问网络资源的主要工具，如图 2-9 所示。

图 2-9 "IE 浏览器"窗口

（2）桌面图标管理

1）创建桌面图标。桌面上的图标实质上就是打开各种程序和文件的快捷方式标志。用户可以在桌面上创建自己经常使用的程序或文件的图标，使用时双击该图标即可启动对应的程序。

在桌面上创建图标可以通过用鼠标右键单击要创建桌面图标的对象，在弹出的快捷菜单中选择"发送到"→"桌面快捷方式"命令；也可以在桌面空白区域处单击鼠标右键，在弹出的快捷菜单中选择"新建"→"快捷方式"命令，出现"创建快捷方式"向导，如图2-10所示。单击"浏览…"按钮，找到创建桌面图标的对象，然后单击"下一步"按钮，为创建的图标命名，最后单击"完成"按钮。

图2-10　"创建快捷方式"向导

2）排列桌面图标。当在桌面上创建了多个图标时，用户可在桌面的空白区域处单击鼠标右键，在弹出的快捷菜单中选择"排列图标"→"名称"、"大小"、"类型"或"修改时间"命令对图标的位置进行调整，如图2-11所示。若选择"排列图标"→"自动排列"命令，系统将会把桌面上的所有图标按照系统内部规定的网格结构纵向依次排列在桌面的左侧，用户不能通过鼠标拖动的方式把图标放在桌面的其他位置。

3）图标的重命名。若要对图标进行重新命名，只需用鼠标右键单击需要重命名的图标，在弹出的快捷菜单中选择"重命名"命令，如图2-12所示。当图标的名字呈反色显示时，可直接输入新名称，然后在桌面任意位置单击鼠标，即可完成对图标的重命名。

4）删除桌面图标。当桌面图标失去使用价值时，就需要将其删除。方法为用鼠标右键单击需要删除的图标，在弹出的快捷菜单中选择"删除"命令即可将其放入"回收站"。也可以在桌面上选中该图标，然后按键盘上的＜Delete＞键，将图标直接删除。

2. 任务栏

任务栏处于桌面最下方，用于显示系统正在运行的程序、打开的窗口和当前时间等内容，如图2-13所示。

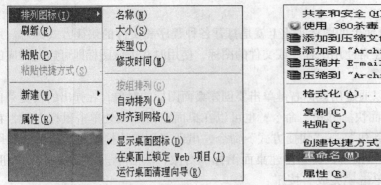

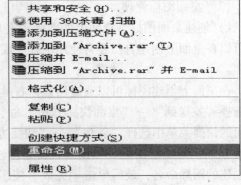

图 2-11　"排列图标"命令　　　　　　　　　　图 2-12　快捷菜单

图 2-13　任务栏

（1）任务栏的组成

1）"开始"按钮。"开始"按钮处于任务栏的最左端，是使用 Windows XP 进行工作的起点，控制着通往 Windows XP 几乎所有部件的通道。

2）快速启动栏。快速启动栏位于"开始"按钮右侧，由一些常用程序按钮组成，单击这些按钮可以快速启动相应的程序。

3）任务栏主体。任务栏的中间区域属于主体部分，当用户打开一个窗口或运行一个程序时，Windows XP 就在主体部分为该程序设立一个按钮。单击这些按钮，就可以完成窗口或程序的最大化和最小化的切换。

4）通知区域。通知区域处于任务栏的最右端，在这个区域里包含了语言栏、网络连接、音量控制器和系统时间等内容。

（2）任务栏的操作

1）改变任务栏的位置和大小。当任务栏位于桌面的下方妨碍了用户的操作时，可以把任务栏拖动到桌面的任意边缘。方法是首先确定任务栏处于非锁定状态（用鼠标右键单击任务栏空白处，在弹出的快捷菜单中，"锁定任务栏"命令未被选中），然后在任务栏上的非按钮区按住鼠标左键不放，拖动到所需边缘再松开鼠标左键，效果如图 2-14 所示。任务栏不但可以改变位置，还可以改变大小，把鼠标放在任务栏边缘处，当鼠标指针变成双向箭头时，按住鼠标左键不放拖动到合适位置再松开鼠标左键，任务栏的大小即发生变化，如图 2-15 所示。

2）设置任务栏的属性。方法见"实训案例"。

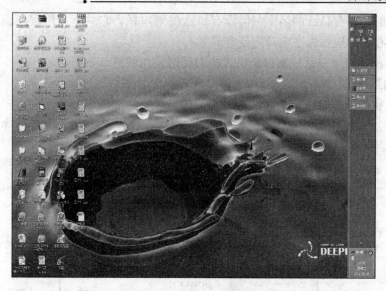

图 2-14 改变任务栏的位置

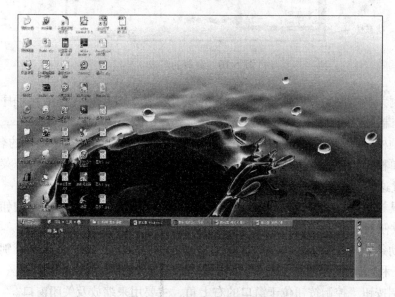

图 2-15 改变任务栏的大小

2.2.3 窗口操作

应用程序启动后的矩形区域称为窗口。Windows XP 操作系统是一个多窗口系统，可同时打开多个窗口，但当前处于活动的窗口只有一个。

1. 窗口的分类

Windows XP 的窗口有以下 3 种类型：

（1）应用程序窗口 应用程序窗口表示一个正在运行的应用程序，它可以放在桌面上的任意位置。

（2）文档窗口 在应用程序窗口中出现的窗口称为文档窗口，用来显示文档或数据文件。文档窗口的顶部有自己的名字，但没有自己的菜单栏，它共享应用程序窗口的菜单栏。文档窗口只能在它的应用程序窗口内任意放置。

（3）对话框窗口　对话框窗口是供人机对话时使用的窗口。

2. 窗口的组成

下面以"我的电脑"窗口为例，对其组成进行说明，如图 2-16 所示。

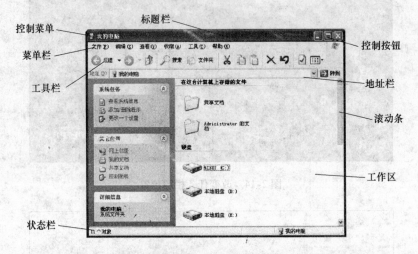

图 2-16　窗口的组成

（1）控制菜单　控制菜单位于每一个窗口的左上角，其图标为该应用程序的图标。控制菜单用于控制窗口的缩放、移动和退出。

（2）标题栏　标题栏位于窗口的顶部，单独占一行，用于显示当前窗口的名称。

（3）菜单栏　菜单栏位于标题栏之下，列出了所有可用的菜单项。每个菜单项包含一组命令，通过这些命令，用户可以完成各种操作。

（4）工具栏　工具栏通常位于菜单栏之下，显示一些常用操作的命令按钮，为用户的快速操作提供便利。

（5）滚动条　当内容无法在窗口内全部显示时，窗口的底端和右端会分别出现水平和垂直滚动条。利用鼠标拖动滚动条，可以查看当前窗口中尚未显示的内容。

（6）控制按钮　控制按钮位于窗口的右上角，主要用来缩放及关闭窗口。

（7）工作区　窗口内部的区域称为工作区，是用来进行工作的地方。对不同的应用程序，工作区中显示的内容也是有较大差别的。图 2-16 中的工作区显示的是已打开文件夹中的内容。

（8）状态栏　许多窗口都有状态栏，它位于窗口底端，显示与当前操作、当前系统状态有关的信息。

（9）地址栏　地址栏位于工具栏的下方，用于显示当前已打开的文件夹所在的路径。用户也可以在地址栏中直接输入文件夹的路径，打开相应的文件夹。

3. 窗口操作

窗口操作在 Windows XP 系统中是很重要的，用户可以通过鼠标和键盘两种方式来完成打开、缩放和移动窗口等基本操作。

（1）打开窗口　当需要打开一个窗口时，可以通过下面两种方式来实现。

1）双击要打开的窗口图标。

2）用鼠标右键单击要打开的窗口图标，在弹出的快捷菜单中选择"打开"命令。

（2）移动窗口　移动窗口时只需要按住鼠标左键拖动标题栏，移动到合适的位置后再松开鼠标，即可完成移动操作。

注意：不能移动最大化或最小化的窗口。

（3）改变窗口的大小　若只需要改变窗口的宽度，则可把鼠标放在窗口的垂直边框上，当鼠标指针变成左右双向箭头时，按住鼠标左键拖动到所需宽度即可。如果只需要改变窗口的高度，则把鼠标放在水平边框上，当鼠标指针变成上下双向箭头时进行拖动即可。当需要对窗口进行等比缩放时，可以把鼠标放在边框的任意角上进行拖动。

（4）最大化、最小化窗口　在对窗口进行操作的过程中，可以通过控制按钮，把窗口以最小化、最大化的形式显示。

1）最小化按钮：在暂时不需要对窗口进行操作时，可把它最小化以节省桌面空间。直接在标题栏上单击最小化按钮▬，窗口会以按钮的形式缩小到任务栏。

2）最大化按钮：窗口最大化时将覆盖整个桌面，这时不能再移动或者缩放窗口。在标题栏上单击最大化按钮◻，即可使窗口最大化。

3）还原按钮：当把窗口最大化后又想恢复到原来打开时的初始状态时，单击还原按钮◲即可实现对窗口的还原。在标题栏上双击鼠标也可以对窗口进行最大化与还原两种状态的切换。

（5）激活窗口　在 Windows XP 中可以同时打开多个窗口，但同一时刻，只能在一个窗口中工作。这个正在进行工作的窗口就是活动窗口，其他窗口都为非活动窗口。

活动窗口处于所有窗口的最前面，且标题栏高亮度显示（颜色是深蓝色，而非活动窗口的标题栏是浅蓝色），对应的任务栏上的按钮显示为较深的蓝色，光标的插入点在活动窗口中闪烁。

在 Windows XP 中，无论用户打开多少个窗口，当前能操作的窗口只有一个，即活动窗口，它不受其他窗口的影响。所以，用户要想对某一窗口进行操作，必须先激活它，使其成为活动窗口。

用户可以使用下列方法之一激活窗口。

1）当窗口处于最小化状态时，单击任务栏上所要激活的窗口按钮，即可完成激活；当窗口处于非最小化状态时，可以单击所要激活窗口的任意位置，当标题栏的颜色变深时，表明完成了对窗口的激活。

2）用 < Alt + Tab > 组合键来完成窗口的激活。按下 < Alt > 键不放，并按 < Tab > 键，屏幕上会出现切换任务栏，在其中列出了当前已打开的窗口，如图 2-17 所示。这时可以通过连续单击 < Tab > 键，从切换任务栏中选择所要激活的窗口，选中后松开两个键，选择的窗口即可成为当前窗口。

（6）关闭窗口　完成对窗口的操作，需要关闭窗口时，可以直接单击标题栏上的"关闭"按钮▣，也可以双击控制菜单。

（7）窗口的排列　当用户打开了多个窗口，并且想要同时浏览其中的内容时，这就需

图2-17　切换任务栏

要对窗口进行适当的排列。对窗口进行排列，首先要在任务栏的空白区域单击鼠标右键，然后在弹出的快捷菜单中选择层叠窗口、横向平铺窗口或纵向平铺窗口命令，如图2-1所示。

1）层叠窗口。当选择"层叠窗口"命令时，窗口会按照被打开的先后顺序叠加地排列在桌面上，每个窗口的标题栏和左侧边缘是可见的，可任意切换各窗口之间的顺序，如图2-18所示。

2）横向平铺窗口。当选择"横向平铺窗口"命令时，各窗口并排显示，在保证每个窗口大小相当的情况下，使得窗口尽可能往水平方向伸展，如图2-19所示。

图2-18　层叠窗口

图2-19　横向平铺窗口

3）纵向平铺窗口。当选择"纵向平铺窗口"命令时，各窗口并排显示，在保证每个窗口大小相当的情况下，使得窗口尽可能往垂直方向伸展，如图2-20所示。

图 2-20　纵向平铺窗口

2.2.4　菜单操作

Windows XP 的菜单包含了所有的操作命令，学会使用菜单是掌握 Windows XP 操作的基础。

1. 打开菜单

鼠标单击菜单栏上的菜单名，或者利用 < Alt > 键 + 菜单名后的字母键，都可以打开相应的菜单。例如，打开"文件"菜单，可以同时按 < Alt > 键和 < F > 键；打开"编辑"菜单，可以同时按 < Alt > 键和 < E > 键。

2. 菜单中的命令

菜单是由一系列命令组成的，这些命令随着操作对象的不同而呈现不同的状态。菜单中完成相关任务的一些命令分为一组，不同命令组用一条凹线分开。菜单中的菜单命令包括下列几种情况。

（1）可运行的命令　菜单中的命令为黑色，表示其为可运行的命令，单击这些命令后会立即执行相应操作。

（2）灰色的命令　在某些情况下，有的菜单命令为灰色，这表示该命令当前情况下不可执行。

（3）选中的命令　菜单命令前如果带有"√"符号，表示此命令已被选中。单击该命令，它会在选中和非选中之间进行切换。

（4）带有对话框的命令　菜单命令的后面如果带有"…"标志，表示单击该菜单命令将弹出一个相应的对话框。

（5）单选的菜单命令　菜单命令前如果带有"·"标志，表示这一组命令为单选命令，只能选择其中之一作为系统当前状态。

（6）子菜单命令　菜单命令的后面如果带有"▶"标志，表示此命令是子菜单命令。

用鼠标指向它会打开下一级菜单。

（7）热键　菜单栏的菜单命令后带下画线的字母是为键盘操作而设置的，这些带下画线的字母称为热键。在键盘上按＜Alt＞键＋带下画线的字母键，就可打开相应的菜单。在打开的菜单中直接输入命令后面带下画线的字母，就可执行该命令。

（8）快捷键　在某些菜单命令的右边有一组组合键（如＜Ctrl＋C＞），称为快捷键。用户选中操作对象，按下快捷键，就可完成对应的命令，不必激活菜单栏和打开下拉菜单。

3. 快捷菜单

快捷菜单是常用菜单命令的快捷使用方法。许多 Windows 程序都提供快捷菜单，使用快捷菜单可以方便地访问常用命令。打开快捷菜单的方法是，选定需要操作的对象后单击鼠标右键，这时屏幕上就会弹出快捷菜单。

4. "开始"菜单

"开始"菜单是使用和管理计算机的入口，几乎所有的操作都可以从这里开始，如启动程序、设置系统、打开文档等。

单击"开始"按钮，弹出"开始"菜单，如图2-21所示，整个"开始"菜单分为4个部分：顶端显示当前登录的用户名；中部左侧列出了管理程序的操作菜单，并以分隔线区分了网络程序、常用程序和所有程序3个部分；中部右侧列出了管理资源与系统的操作菜单，并以分隔线区分了文档管理、系统设置和常用操作3个部分；底部列出了退出系统的操作按钮。

图2-21　"开始"菜单

下面我们将介绍"开始"菜单中各部分的功能。

（1）启动应用程序　用户使用计算机的主要目的就是通过操作系统这个平台来运行各种应用程序，以满足工作、娱乐和上网的需要。

Windows XP 在"开始"菜单中以细线作为分隔线，把应用程序的管理分为3个部分。第1部分包括"Internet Explorer"和"电子邮件"两个应用程序，前者用来浏览 Internet 信息，后者用来收发电子邮件；第2部分列出了常用应用程序，Windows XP 会将用户使用次数最多的应用程序列在这里，为用户提供智能化的方便；第3部分"所有程序"显示系统中已安装的所有应用程序。

（2）文档管理　在"开始"菜单的中部右侧的菜单项中，第1部分是与文档管理有关的选项，包括"我的文档"、"我最近的文档"、"图片收藏"、"我的音乐"、"我的电脑"和"网上邻居"。

"我最近的文档"列出最近使用过的文档的快捷方式，最多可显示15个文档。通过这些快捷方式，用户可以准确迅速地打开最近使用过的文档，避免了费时、烦琐的查找。

"图片收藏"和"我的音乐"用于对多媒体文件进行分类管理。

（3）系统设置　系统设置是 Windows 的设置程序，包括"控制面板"（设置计算机的各项系统配置）、"打印机和传真机"（设置和安装打印机、传真机）、"设定程序访问和默认值"等。

（4）常用操作　"帮助和支持"命令：为帮助主题、指南、疑难解答和其他支持服务打开一个搜索系统相关的对话框。

"搜索"命令：使用该命令，用户可以在本地计算机和网络上搜索文件和其他用户。

"运行"命令：为用户提供使用命令启动程序的方法。DOS 程序、各种命令程序和一些在"开始"菜单中没有的应用程序都可以通过该方法启动。

（5）退出操作系统　"注销"按钮：单击"注销"按钮可以在不重新启动 Windows 的情况下，以另一个用户的身份进行登录。

"关闭计算机"按钮：单击"关闭计算机"按钮，可退出 Windows XP 系统、待机（或休眠）及重新启动计算机。

2.2.5　对话框操作

对话框是用户与计算机系统之间进行信息交流的窗口。在执行一个命令需要用户提供进一步的信息时，就会出现对话框。在对话框中通过对选项的选择，用户可以进行对象属性的修改或设置。

1. 对话框中控件的类型

对话框的组成和窗口相似，但对话框要比窗口更简洁、更直观、更侧重于与用户的交流。对话框一般包含标题栏、选项卡与标签、文本框、下拉列表框、复选框、单选按钮、命令按钮和滑标等部分，如图 2-22 所示。

（1）标题栏　标题栏位于对话框的最上方，左侧标明了该对话框的名称，右侧有关闭按钮和帮助按钮。

（2）选项卡与标签　在系统中有很多对话框都是由多个选项卡构成的，选项卡上标明了标签，以便于进行区分。在选项卡中通常有不同的选项组，可以通过各个选项卡之间的切换来查看不同的内容。

（3）文本框　文本框是用户在对话框中输入、修改某项内容的地方。

（4）下拉列表框　下拉列表框是一个在右边有向下箭头按钮的矩形框。只要用鼠标单

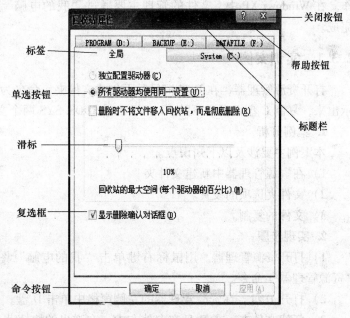

图 2-22　对话框中控件的类型

击此按钮，就会弹出一个下拉列表，用户可以选择其中的选项。

（5）复选框　复选框有多个选项，同一时间可以选择其中多项。它通常是一个小正方形，在其后有相关的文字说明，当选择该框后，在正方形中间会出现一个"√"标志。

（6）单选按钮　单选按钮有多个选项，同一时间只能选择其中一项。它通常是一个小圆圈，如果选中了某个项目，该项目前面的小圆圈中就会有一个小圆点。

（7）命令按钮　命令按钮是用来执行某种任务的操作按钮，单击命令按钮可以执行一个动作。一般对话框中常用的命令按钮有"确定"、"取消"和"帮助"按钮。

（8）滑标　滑标由一个滑动块与滑动导轨组成。滑动块可以在导轨中来回移动。对不需要精确数值输入的场合，可以使用滑标进行操作，通过滑块的位置来估计数值的大小。

2. 对话框中控件之间的移动

进入对话框后，光标会停留在一个控件上。从一个控件移动到另一个控件，只要用鼠标单击要移动到的控件或按 < Tab > 键/ < Shift + Tab > 键就可以移动到下一个/上一个控件。

3. 对话框中选项卡之间的移动

用户可以直接用鼠标单击选项卡名来进行切换，还可以利用 < Ctrl + Tab > 组合键从左到右切换各个选项卡，而 < Ctrl + Tab + Shift > 组合键为反向切换。

2.3　文件组织与管理

在计算机系统中，所有的程序和数据都是以文件的形式存放在计算机的外存储器上。对文件的管理是操作系统的基本功能之一，包括文件的创建、查看、复制、移动、删除等操作。在 Windows XP 中，文件的管理主要通过"我的电脑"窗口和"资源管理器"窗口来完成。

2.3.1　实训案例

打开资源管理器，在 D 盘根目录下创建文件夹，命名为"目标"，将隐藏的系统文件显示出来，复制 C 盘根目录下的 IO. SYS 和 MSDOS. SYS 两个文件到"目标"文件夹。

1. 案例分析

本案例主要涉及以下知识点。

1）在资源管理器中新建文件夹。

2）文件夹选项的设置。

3）文件的复制。

2. 实现步骤

1）打开资源管理器。用鼠标右键单击"我的电脑"图标，在弹出的快捷菜单中选择"资源管理器"命令。

2）打开 D 盘。在资源管理器的左侧窗格中单击 D 盘。

3）新建文件夹。在 D 盘空白处右击，在弹出的快捷菜单中选择"新建"→"文件夹"命令，将其名字输入为"目标"。

4）显示隐藏文件。单击"工具"→"文件夹选项"命令，在弹出的"文件夹选项"对话框中，选择"查看"选项卡，在高级设置中取消"隐藏受保护的系统文件"复选框的勾选，并选择"显示所有文件和文件夹"单选按钮。

5）选定文件。按住 < Ctrl > 键，单击 IO. SYS 和 MSDOS. SYS 两个文件，使其被选中。

6）复制文件。右击选中的文件，在弹出的快捷菜单中选择"复制"命令，再打开 D 盘的"目标"文件夹，在空白处右击，选择快捷菜单的"粘贴"命令，完成文件的复制。

2.3.2 文件和文件夹

1. 文件

文件是保存在外存储器上的一组相关信息的集合。文件可以是应用程序，也可以是程序创建的文档。文件的基本属性包括文件名、文件的大小、类型和创建时间等。文件是通过文件名进行区别的，每个文件都有不同的名字。

文件名由主文件名和扩展文件名组成，中间用点号"."分隔。主文件名是文件的标志，可以由用户拟定，扩展名主要用来表示文件的类型，一般由系统自动生成。

常见的文件类型及相应的扩展名有以下几种。

1）可执行文件：可直接运行的文件，扩展名为".exe"。

2）系统文件：系统配置文件，扩展名为".sys"。

3）多媒体文件：视频和音频文件，扩展名为".wav"、".mid"、".avi"、".swf"等。

4）图像文件：扩展名为".bmp"、".jpg"、".gif"等。

Windows 操作系统的命名规则有以下几条。

1）文件名的长度不能超过 255 个字符。

2）文件名可以用英文字母、汉字、数字、空格和一些特殊符号，但不能出现 \ / ：* ? " < > | 这些字符。

3）文件名不区分英文字母的大小写。

4）若文件名有多个点号，以最后一个点号后的字符作为扩展名。

2. 文件夹

当计算机中存在大量的、不同类型的文件时，直接管理这些文件就显得有些不方便，所以 Windows 引入了文件夹这个概念来对文件进行分类和汇总，方便用户进行管理。

文件夹可以分类存放不同用途、不同性质的文件，甚至存放其他文件夹。文件夹的命名规则和文件相似，只不过文件夹没有扩展名。

3. 文件和文件夹的属性

文件大小、位置、占用空间以及创建、修改、访问时间等，这些信息称为属性信息。用户除了可以查看这些属性信息外，还可以设置以下 3 种类型的文件属性。

1）只读属性：设置为只读属性的文件只能读，不能修改或删除。

2）隐藏属性：具有隐藏属性的文件一般不显示出来。

3）存档属性：任何一个新创建或修改的文件都有存档属性。

2.3.3 资源管理器

资源管理器是 Windows XP 最常用的管理文件和文件夹的工具，它不但可以完成"我的电脑"窗口中的所有功能，而且还具有许多独特的功能。

打开资源管理器的方法很多，用户可以用下列方法之一来实现。

1）在"我的电脑"窗口或"开始"菜单上单击鼠标右键，在弹出的快捷菜单中选择"资源管理器"命令。

2）在"我的电脑"窗口中单击工具栏上的"文件夹"按钮。

"资源管理器"窗口与"我的电脑"窗口的最大不同是工作区分成了两个窗格，如图2-23所示。工作区左边的窗格为结构窗格，用于显示文件夹的树形目录结构，其中树的根是桌面；工作区右边的窗格为内容窗格，用于显示在结构窗格里所选中的文件夹的内容。两个窗格的大小比例可以通过拖动工作区中间的分隔线来实现。

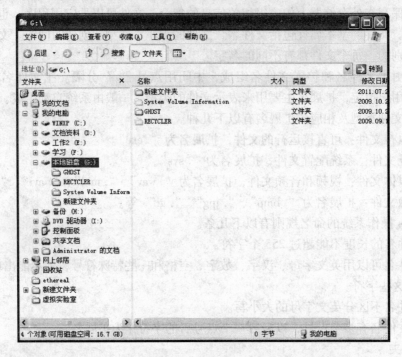

图 2-23 "资源管理器"窗口

在"资源管理器"窗口的结构窗格中，若文件夹图标前有"＋"符号，表示该文件夹中包含有未显示的子文件夹。单击"＋"符号，可以展开该文件夹，此时"＋"符号变成"－"符号。若文件夹图标前有"－"符号，表示该文件夹已展开。单击"－"符号，可以将该文件夹折叠，此时"－"符号变成"＋"符号。若文件夹图标前没有"＋"或"－"符号，表示该文件夹中不包含子文件夹。

在"资源管理器"窗口中，用户可以方便地以不同的风格和排列方式浏览文件和文件夹。

1. 浏览文件、文件夹

在"资源管理器"窗口中，要查看某个文件夹中的内容，只需在结构窗格中单击目标文件夹，在内容窗格中就会显示相应的内容。

2. 设置显示方式

单击"资源管理器"窗口中的"查看"菜单或工具栏上的"查看"按钮，从下拉列表框中选择一种显示风格，如图2-24所示。Windows XP 提供了6种文件和文件夹的显示方式。

（1）缩略图　将文件夹所包含的图像显示在文件夹图标上，可快速识别该文件夹的内容，找到需要的图像。例如，如果将图片存储在几个不同的文件夹中，通过"缩略图"视图，则可以迅速分辨出哪个文件夹包含需要的图片。

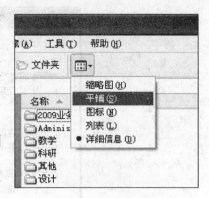

（2）平铺　以大图标显示文件和文件夹，并且将名称和文件夹类型、文件大小等信息显示在图标右侧。例如，JPEG 图像、文本文档和 Microsoft Word 文档等。

（3）图标　以图标显示文件和文件夹，文件名显示在图标之下，但不显示分类信息。在这种视图中，可以分组显示文件和文件夹。

图 2-24　"查看"按钮

（4）列表　以文件或文件夹名列表显示文件夹内容，其内容前面有一个小图标。当文件夹中包含很多文件，并且想在列表中快速查找一个文件名时，这种视图非常有用。在该视图中可以分类显示文件和文件夹，但是无法按组排列文件。

（5）详细信息　选择该视图后，Windows 将列出已打开文件夹的内容，并提供有关文件的详细信息，包括名称、类型、大小和更改日期等。

（6）幻灯片　只用在含有图像文件的文件夹中，图像以单行缩略图形式显示。可以通过使用左右箭头按钮滚动图片。当单击一幅图片时，该图片显示的大小比其他图片大。

3. 设置排列方式

在"查看"菜单中的"排列图标"命令里，用户可以选择一种排列方式进行设置，如图 2-25 所示。

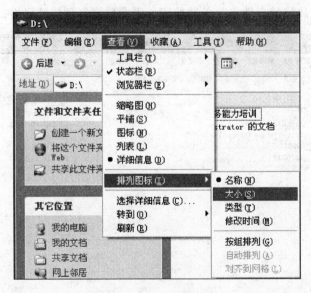

图 2-25　"排列图标"命令

4. 文件夹选项卡

在窗口中选择"工具"→"文件夹选项…"命令，可打开如图 2-26 所示的对话框。

计算机应用基础

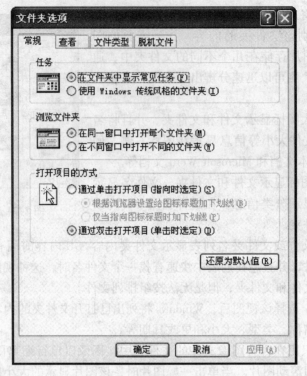

图 2-26 "文件夹选项"对话框

（1）"常规"选项卡 这个选项卡分为 3 个部分。上方为"任务"设置栏。在这里若选中"在文件夹中显示常见任务"单选按钮，则"我的电脑"窗口将显示任务栏。若选中"使用 Windows 传统风格的文件夹"单选按钮，则窗口恢复到传统风格，如图 2-27 所示。

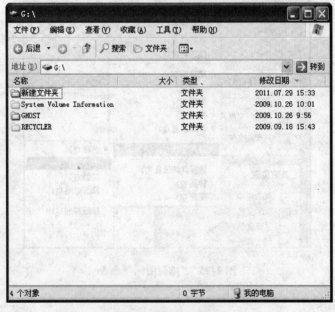

a）传统风格

图 2-27 两种风格对比

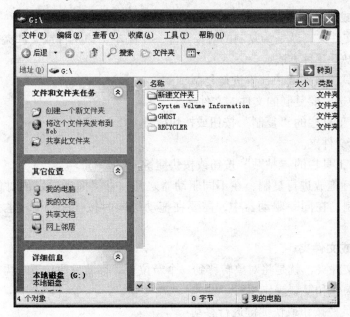

b）现代风格

图 2-27　两种风格对比（续）

中间为"浏览文件夹"设置栏。在这里若选中"在不同的窗口中打开不同的文件夹"单选按钮，则每打开一个文件夹就会打开一个窗口。若选中"在同一窗口中打开每个文件夹"单选按钮，则窗口始终为一个。

下方为"打开项目的方式"设置栏。在这里用户可以指定通过单击还是双击打开一个项目。

（2）"查看"选项卡　在"查看"选项卡的高级设置里，用户可以选择是否显示具有隐藏属性的文件、文件的扩展名和受保护的系统文件。

2.3.4　文件和文件夹的操作

1. 创建文件夹

（1）进入文件夹要创建的位置。

（2）用鼠标右键单击窗口内的空白处，在弹出的快捷菜单中选择"新建"→"文件夹"命令，就会出现一个新建文件夹，名称默认为"新建文件夹"。

2. 选定文件或文件夹

在对文件进行操作之前，必须先选定它，方法有以下几种。

1）选定单个文件的方法是用鼠标单击要选定的文件。

2）选定连续多个文件或文件夹。单击要选定的第一个文件或文件夹，按住 < Shift > 键，再单击最后一个文件或文件夹。

3）选定不连续多个文件或文件夹。可按住 < Ctrl > 键，然后单击每个要选定的文件。

4）选定所有文件或文件夹。可以选择"编辑"→"全部选定"命令，或者按住 < Ctrl + A > 组合键就可以了。

3. 复制文件或文件夹

复制文件或文件夹，就是为复制的对象建立一个副本，原文件或文件夹仍然保留。复制文件或文件夹有以下几种方法。

（1）利用工具栏按钮或快捷键进行复制

1）在窗口中选定要复制的文件、文件夹。

2）单击窗口工具栏的"复制"按钮或按快捷键 < Ctrl + C >。

3）打开目标文件夹。

4）单击窗口工具栏的"粘贴"按钮或按快捷键 < Ctrl + V >。

（2）利用鼠标拖放进行复制　在不同驱动器之间，直接拖动选定的对象到目标位置即可实现对象的复制；在同一驱动器中，需要在拖动的同时按住 < Ctrl > 键才能实现对象的复制。

4. 移动文件或文件夹

移动文件或文件夹，就是将对象转移到一个新位置，移动后原位置不再保留选定的文件或文件夹。移动操作和复制操作相似。

（1）利用工具栏按钮或快捷键进行移动

1）在窗口中选定要移动的文件、文件夹。

2）单击窗口工具栏的"剪切"按钮或按快捷键 < Ctrl + X >。

3）打开目标文件夹。

4）单击窗口工具栏的"粘贴"按钮或按快捷键 < Ctrl + V >。

（2）利用鼠标拖放进行移动　在不同驱动器之间，拖动选定的对象到目标位置的同时需按住 < Shift > 键，即可实现对象的移动；在同一驱动器中，直接拖动选定的对象到目标位置即可实现对象的移动。

5. 删除文件或文件夹

当某些文件不再需要时，可将其删除，删除文件的操作步骤如下。

1）选定要删除的文件。

2）选择"文件"→"删除"命令，或单击鼠标右键，在弹出的快捷菜单中选择"删除"命令；也可选中文件后直接按 < Delete > 键。

3）系统将会弹出"确认文件删除"对话框。

4）若确认要删除该文件或文件夹，则单击"是"按钮；若不删除该文件或文件夹，则单击"否"按钮。

实际上这里删除的文件仍在磁盘上，只不过被 Windows XP 放入了"回收站"。若想从磁盘上真正删除文件，可在"回收站"窗口中再次执行删除操作。

若想将文件从"回收站"中恢复，可以用鼠标右键单击要恢复的文件，然后选择"还原"命令，就可以将文件恢复到原来所在的文件夹中。

6. 重命名文件或文件夹

用户可以通过以下两种方法修改文件或文件夹名字。

1）选择需要重命名的文件或文件夹，在"文件"菜单中选择"重命名"命令，之后输入新的文件名，按 < Enter > 键。

2）用鼠标右键单击需要重命名的文件或文件夹，在弹出的快捷菜单中选择"重命名"

命令，然后输入新的文件名，按 < Enter > 键。

7. 设置文件或文件夹属性

（1）设置文件属性　用鼠标右键单击要设置的文件，在弹出的快捷菜单中选择"属性"命令，打开属性对话框，如图 2-28 所示。用户可以将文件属性设置为"只读"、"隐藏"或"存档"。

（2）设置文件夹属性　文件夹属性和文件属性大致相同，但"文件夹属性"对话框中有一个比较重要的属性就是"共享"属性，如图 2-29 所示。在"共享"选项卡中，用户如果选中"在网络上共享这个文件夹"复选框，则网络上的其他计算机就可以通过"网上邻居"访问该文件夹。同时，用户还可以设置该文件夹的共享名和其他用户访问的权限。

图 2-28　"文件属性"对话框

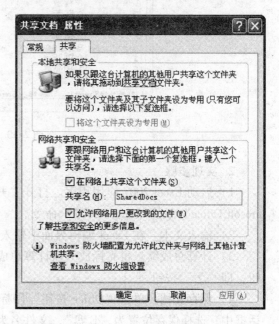

图 2-29　"'共享文档'属性"对话框

2.4　应用程序的组织与管理

应用程序是为完成某种任务而开发的计算机程序。在 Windows XP 中，绝大多数应用程序的扩展名为 .exe，少部分有命令行提示符界面的程序扩展名为 .com。

2.4.1　实训案例

利用 Excel 2007 记录班级学生期末考试成绩，并计算总成绩。将文档保存在 E 盘根目录下，文档名称为"学生成绩单"，如图 2-30 所示。

1. 案例分析

本案例主要涉及以下知识点。

1）运用 Excel 2007 应用程序编辑表单。

2）运用 Excel 2007 应用程序的计算功能。

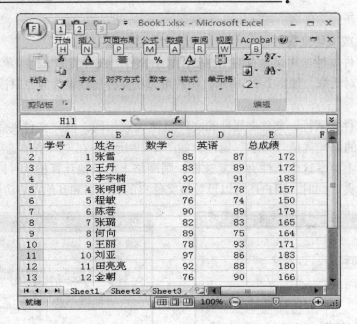

图 2-30　学生成绩单

2. 实现步骤

1）启动 Excel 2007 应用程序。打开"开始"菜单，选择"所有程序"菜单中的"Microsoft Office"下的"Excel 2007"命令。

2）输入文本。在 Excel 编辑界面中输入各个学生的成绩，总成绩数据除外。

3）计算总成绩。将光标放入需计算总成绩的单元格，在工具栏上单击"自动求和"按钮，即"Σ"按钮。

4）保存文档。单击"Office 按钮"图标，选择"保存"命令，在弹出的"另存为"对话框中，选择保存位置为"E 盘"，文件名为"学生成绩单"，单击"保存"按钮。

2.4.2　应用程序的基本操作

1. 应用程序的安装

用户安装应用程序，通常需要先在安装文件中找到 Setup. exe 文件，双击该文件，弹出安装向导，可根据提示一步一步地完成安装。

程序安装完成后，用户可在"开始"菜单的"所有程序"菜单中找到新增的该应用程序的图标。

2. 应用程序组件的添加与删除

用户如果想增加系统组件或者删除某个应用程序，可以利用"添加/删除程序"窗口来实现。

在"控制面板"窗口中双击"添加/删除程序"选项，弹出如图 2-31 所示的"添加或删除程序"窗口。

在窗口左侧有 4 个按钮：

1）"更改或删除程序"按钮。这里面列出了当前用户安装的应用程序，用户可以对这

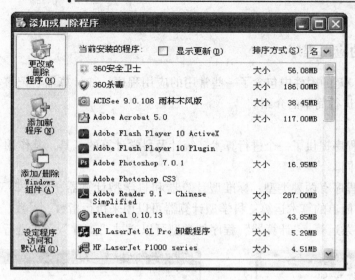

图 2-31 "添加或删除程序"窗口

些程序进行删除或组件的添加。

2）"添加新程序"按钮。用户通过这个按钮可以安装新的应用程序。

3）"添加/删除 Windows 组件"按钮。用户单击这个按钮可以对系统自带的应用程序进行添加或删除。

4）"设定程序访问和默认值"按钮。用户在这里可以设定某个动作采用哪个应用程序来完成。

3. 应用程序间的切换

当系统有多个应用程序运行时，用户想从一个程序切换到另一个程序可以通过以下几种方法实现。

1）单击任务栏上的应用程序按钮进行切换。

2）当应用程序窗口同时呈现在桌面上时，通过单击应用程序窗口进行切换。

3）利用 < Alt + Tab > 组合键进行切换。

2.4.3 任务管理器

任务管理器可以提供正在计算机上运行的程序或进程的相关信息。用户可以利用 < Ctrl + Alt + Delete > 组合键，或者右击任务栏空白处，在快捷菜单中选择"任务管理器"命令打开任务管理器，如图 2-32 所示。通过任务管理器，用户可以快速查看正在运行的程序的状态、终止已停止响应的程序、切换程序、运行新的任务和查看 CPU 和内存

图 2-32 "任务管理器"窗口

的使用情况等。

2.4.4 常用的应用程序

在 Windows XP 的附件中包含了一些常用的应用程序，如计算器、记事本、画图等。下面就对这些程序进行简单的介绍。

1. 计算器

"计算器"程序提供了一个进行算术、统计及科学计算的工具，其作用和使用方法与常用计算器基本相同。

"计算器"程序有两种类型：标准型计算器和科学型计算器，如图 2-33 所示。标准型计算器用于执行简单的算术运算；科学型计算器可以用来执行指数、对数、三角函数、统计及数制转换等复杂运算。"计算器"程序的类型可以通过"查看"菜单进行转换。

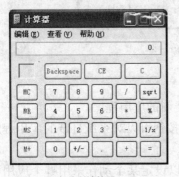

a）标准型计算器 b）科学型计算器

图 2-33 "计算器"窗口

2. 记事本

"记事本"程序是一种简单的文本编辑器，常用来编辑纯文本文件，即文本中不包含格式或图片等信息。在"记事本"窗口输入内容时，无论一段文本有多长，默认状态都会在同一行显示。在"格式"菜单中选择"自动换行"命令，可以使文本以当前窗口的宽度自动换行。

3. 画图

"画图"程序是 Windows 提供的图形编辑程序，主要用于创建简单的图形、图案等图形文件。

通过"画图"程序制作的图形，其格式可以为 24 位位图文件（扩展名为 .bmp）、JPEG 格式文件和 GIF 格式文件等。启动"画图"程序后，弹出如图 2-34 所示的"画图"窗口。

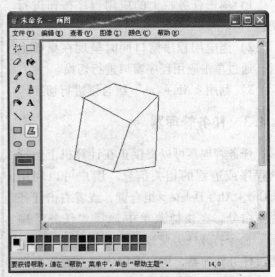

图 2-34 "画图"窗口

该窗口主要由菜单栏、工具箱、画布和调色板组成。窗口左边的工具箱包含一套绘图工具，利用其中的按钮可以绘制相应的图形。画布是绘制图形的编辑区，通过"图像"菜单的"属性"命令，可以对画布的尺寸进行设置。调色板用于设置图形的颜色，单击调色板某一颜色，所绘图形的边框即为该色，用鼠标右键单击调色板某一颜色，所绘实心图形的内部颜色即为该色。

2.5 Windows XP 的系统设置和维护

在 Windows XP 的"控制面板"中，包含了一系列工具程序，用户利用它们可以方便地进行账户的设置、添加硬件和磁盘管理等系统设置和维护。

2.5.1 实训案例

利用"控制面板"窗口设置系统的电源方案为"家用/办公桌"，并启用休眠。

1. 案例分析

本案例主要涉及以下知识点。

1）设置系统电源方案。

2）启用休眠选项。

2. 实现步骤

1）单击"开始"按钮，选择"控制面板"命令，弹出如图 2-35 所示的窗口，在其中双击"电源选项"命令，弹出"'电源选项'属性"对话框，如图 2-36 所示。

图 2-35 "控制面板"窗口

2）在"电源使用方案"下拉列表框中选择"家用/办公桌"方案。

3）单击"休眠"选项卡，在其中选择"启用休眠"复选框，然后单击"确定"按钮即可。

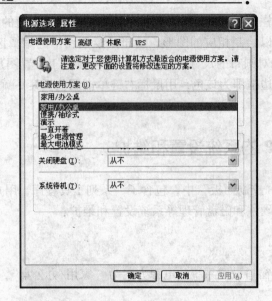

图 2-36 "'电源选项'属性"对话框

2.5.2 Windows XP 的系统设置

1. 用户账户

Windows XP 支持多用户操作，不同的用户拥有不同的访问权限和个性化的操作环境。Windows XP 对用户账户的管理主要通过"控制面板"窗口中的"用户账户"命令来完成。

创建账户的步骤如下。

1）打开"控制面板"窗口，双击"用户账户"命令，出现如图 2-37 所示的"用户账户"窗口。

图 2-37 "用户账户"窗口

2）单击"创建一个新账户"超链接，弹出"为新用户起名"窗口，如图 2-38 所示。输入新用户名，单击"下一步"按钮。

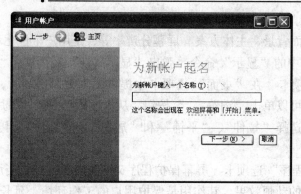

图 2-38　"为新用户起名"窗口

3）在打开的"挑选一个账户类型"窗口中包含"计算机管理员"和"受限"两种类型，如图 2-39 所示。根据需要选中一种类型。

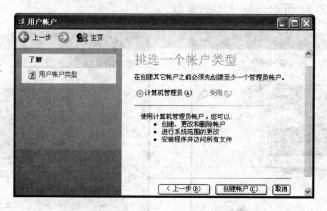

图 2-39　"挑选一个账户类型"窗口

4）单击"创建账户"按钮，返回"用户账户"窗口，在其中显示了新添加的账户名和权限，如图 2-40 所示。

图 2-40　添加新账户后的"用户账户"窗口

2. 改变桌面外观

桌面外观包括桌面背景、主体方案、屏幕分辨率等，是用户个性化环境的重要体现。双击"控制面板"窗口中的"显示"命令，弹出"显示属性"对话框。

（1）"桌面"选项卡 在"桌面"选项卡中提供了多种风格图片，用户可以选择喜欢的图片设为背景，也可以单击"浏览…"按钮，从本地磁盘中调入图片。从"位置"下拉列表框中，用户可以选择"拉伸"、"平铺"和"居中"3个选项来调整图片在桌面上的位置，如图2-41所示。

（2）"屏幕保护程序"选项卡 屏幕保护程序又称为屏保，是指当用户暂时不对计算机操作时，屏幕上出现的动画效果。其作用是保护用户的工作环境，延长显示器的使用寿命。在"屏幕保护程序"下拉列表框中选择一种动画效果，单击右侧的"设置"按钮，则可以对该动画效果进行快慢设置。通过等待时间，可以设定计算机在多长时间内若没有操作则启动屏保。单击最下方的"电源"按钮，进入"'电源选项'属性"对话框，设置系统的电源使用方案，如图2-42所示，见"实训案例"。

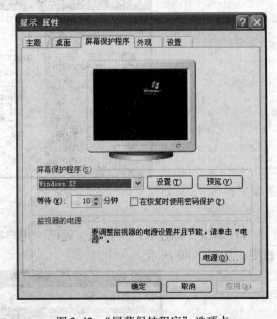

图2-41 "桌面"选项卡　　　　　　　　图2-42 "屏幕保护程序"选项卡

（3）"外观"选项卡 在"外观"选项卡中，可以更改桌面、消息框、活动窗口和非活动窗口的颜色、大小、字体等，如图2-43所示。

用户可以在"窗口和按钮"下拉列表框中选择一种样式，然后通过"色彩方案"下拉列表框和"字体大小"下拉列表框，对窗口的颜色和标题栏中字体的大小作进一步的设置。

（4）"设置"选项卡 在"设置"选项卡中，用户可以设置监视器的各种显示属性，如分辨率、颜色质量和刷新频率等，如图2-44所示。

屏幕分辨率是指屏幕上像素的多少，在屏幕大小不变的情况下，分辨率的高低将直接影响到显示内容的多少。分辨率越高，显示的内容越多，但是字体会较小；分辨率越低，显示的内容越少，但是字体会较大。用户可以拖动滑块将分辨率调整到合适的数值，一般屏幕分辨率不宜过低。

颜色质量是指屏幕上能够显示的颜色的数目，颜色数目越大，屏幕上显示的对象的色彩就会越逼真。一般选择"颜色质量"下拉列表框中的最高位选项。

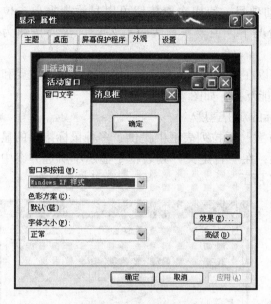

图 2-43　"外观"选项卡

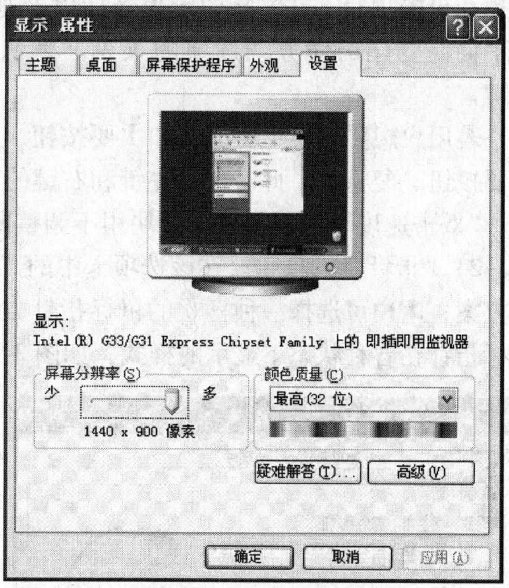

图 2-44　"设置"选项卡

3. 设置鼠标和键盘

（1）键盘设置　在"控制面板"窗口中双击"键盘"命令，弹出"键盘属性"对话框，如图 2-45 所示。在"速度"选项卡中，可以设置键盘的相应速度和光标闪烁频率等。

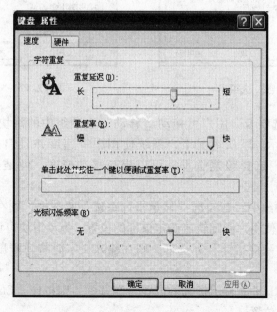

图 2-45　"键盘属性"对话框

（2）鼠标设置　在"控制面板"窗口中双击"鼠标"命令，弹出"鼠标属性"对话框。

1）"鼠标键"选项卡。每个鼠标都有一个主要按钮和次要按钮。使用主要按钮可以选择和单击项目、在文档中定位光标以及拖动项目。使用次要按钮可以显示根据单击位置不同而变化的任务或选项的菜单。默认情况下，主要按钮为鼠标左键，次要按钮为右键。

若用户想要切换主要按钮和次要按钮，可以在"鼠标键"选项卡中选择"切换主要和次要按钮"复选框，此时鼠标左键和右键的功能互换，如图2-46所示。

"双击速度"选项组中的滑块用于调整鼠标的双击速度。

2）"指针"选项卡。在该选项卡中的"方案"下拉列表框中提供了多种鼠标指针的显示方案，用户可选择一种喜欢的鼠标指针方案；在"自定义"列表框中显示了所选方案中鼠标指针在各种状态下显示的样式，如图2-47所示。

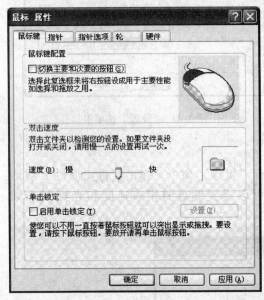

图2-46　"鼠标键"选项卡

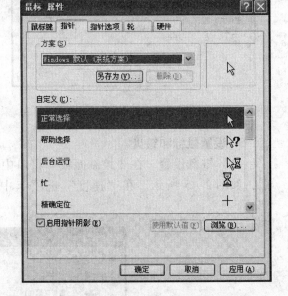

图2-47　"指针"选项卡

3）"指针选项"选项卡。用户可拖动"移动"选项组中的滑块，调整鼠标指针的移动速度，如图2-48所示。默认情况下，系统使用中等速度并且启用"提高指针的精确度"复选框，如果取消选择该复选框，可以提高移动速度，但是会降低鼠标的定位精确度。

在"可见性"选项组中，若勾选"显示指针踪迹"复选框，则在移动鼠标指针时会显示指针的移动轨迹，以便用户跟随轨迹确定鼠标的位置，拖动滑块可调整轨迹的长短。

若勾选"在打字时隐藏指针"复选框，则在输入文字时将隐藏鼠标指针，以避免指针影响用户的视线。

若勾选"当按CTRL键时显示指针的位置"复选框，则按住＜Ctrl＞键时系统将会以同心圆的方式显示指针的位置。

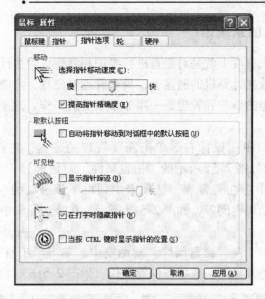

图 2-48　"指针选项"选项卡

4. 设置日期和时间

在"控制面板"窗口中双击"日期和时间"命令，弹出"日期和时间属性"对话框，如图 2-49 所示。在这里用户可以更改系统的日期和时间。

5. 设置区域和语言

双击"控制面板"窗口中的"区域和语言选项"命令，在"区域和语言选项"对话框中，选择"语言"选项卡，单击"详细信息"按钮，打开如图 2-50 所示的"文字服务和输入语言"对话框，在这里用户可以添加、设置和删除输入法。

图 2-49　"日期和时间属性"对话框

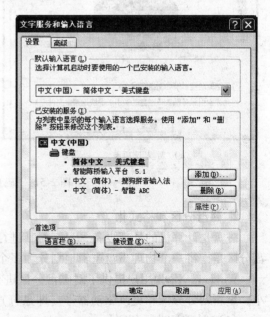

图 2-50　"文字服务和输入语言"对话框

2.5.3　Windows XP 的系统维护

系统的维护工作很大程度上就是对磁盘进行维护和管理。因为计算机中所有的程序和数据都是以文件的形式存放在计算机的磁盘上，只有管理好磁盘，才能给操作系统创造一个良好的运行环境，所以磁盘的维护和管理是一项非常重要的工作。

1. 查看磁盘属性

在"我的电脑"窗口中用鼠标右键单击需要管理的磁盘，在打开的快捷菜单中选择"属性"命令，即可弹出如图 2-51 所示的"磁盘属性"对话框。

（1）"常规"选项卡　在"常规"选项卡中列出了该磁盘的一些常规信息，如类型、文件系统、可用空间和已用空间等，如图 2-51a 所示。在该选项卡中用户还可以设置卷标以及对磁盘进行清理。

（2）"工具"选项卡　在"磁盘属性"对话框中，单击"工具"选项卡，在该选项卡中可对磁盘进行查错、碎片整理、数据备份等操作，如图 2-51b 所示。

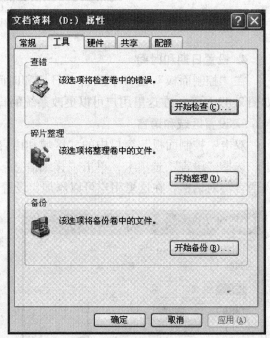

a）"常规"选项卡　　　　　　　　　　b）"工具"选项卡

图 2-51　"磁盘属性"对话框

2. 磁盘分区和格式化

磁盘是计算机的外部设备，只有对其进行分区和格式化后才能保存文件或安装程序。磁盘分区是指将一个物理磁盘逻辑地划分为多个区域，每一个区域都可作为单独的磁盘使用。Windows XP 为用户提供了对磁盘分区进行调整的功能，包括删除分区、调整分区的大小、重新划分分区和更改驱动器号（即盘符）等操作。

（1）对磁盘进行分区

1）单击"开始"按钮，选择"控制面板"→"管理工具"→"计算机管理"命令，或者用鼠标右键单击"我的电脑"图标，从打开的快捷菜单中选择"管理"命令，打开"计算机管理"窗口，如图 2-52 所示。在左窗格中单击"存储"下的"磁盘管理"选项，就可以看到当前计算机中的所有磁盘分区的详细信息，如图 2-53 所示。

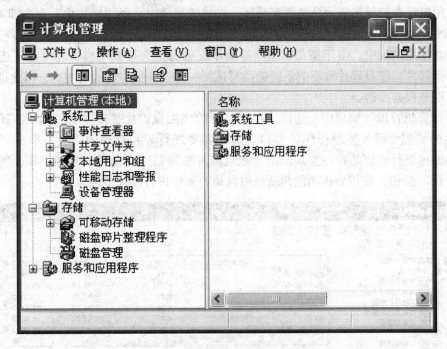

图 2-52 "计算机管理"窗口

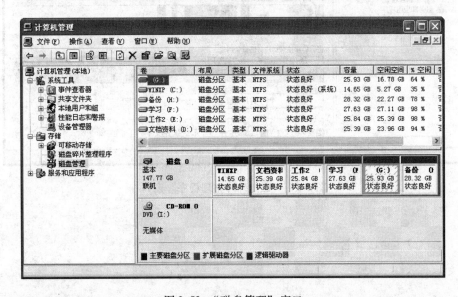

图 2-53 "磁盘管理"窗口

2）如果将 F 盘重新划分为两个分区，则在图 2-53 中先用鼠标右键单击 F 盘，从打开的快捷菜单中选择"删除逻辑驱动器"命令，系统将打开"删除逻辑驱动器"对话框，单击"是"按钮，即可将该驱动器删除，此时 F 盘会显示为"可用空间"。

3）用鼠标右键单击"可用空间"图标，从打开的快捷菜单中选择"新建逻辑驱动器"命令，打开"新建磁盘分区向导"对话框，根据向导提示完成分区的划分。

（2）对磁盘进行格式化　新划分的磁盘分区必须先进行格式化才能存储数据。在图2-53中，用鼠标右键单击新划分的磁盘分区，在快捷菜单中选择"格式化"命令即可。

3. 磁盘碎片整理

在磁盘使用过程中，由于添加、删除等操作在磁盘上会形成一些物理位置不连续的文件，即磁盘碎片。磁盘碎片既影响系统的读写速度，又会降低磁盘的利用率，因此进行磁盘的碎片整理是很必要的。

在"计算机管理"窗口中，选择"存储"下的"磁盘碎片整理程序"选项，弹出如图2-54所示的"磁盘碎片整理程序"窗口。选择需要进行碎片整理的磁盘，单击"碎片整理"按钮便可进行相应的碎片整理。由于磁盘碎片整理是一个耗时较长的工作，所以可先单击"分析"按钮，使用分析功能判断该磁盘是否需要进行碎片整理。

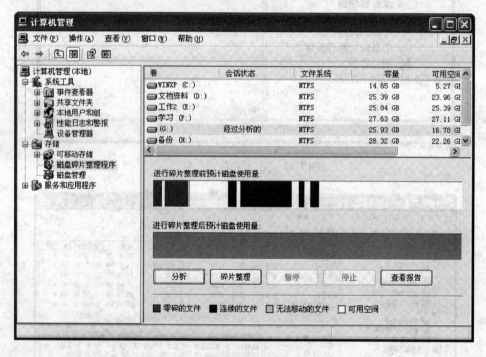

图 2-54　"磁盘碎片整理程序"窗口

第 3 章　文字处理软件 Word 2007

3.1　Word 2007 简介

随着计算机技术的发展，文字信息处理技术也进行着一场革命性的变革，在当今的办公软件中，Word 占据着相当重要的位置，是目前办公领域使用最广泛的文字编辑与处理软件。使用它可以轻松地编辑办公文件和制作图文并茂的电子文档。Word 2007 采用了全新的操作界面，使文字处理变得更直观、更简单、更高效。除了操作界面的更新外，Word 2007 也对早期版本的部分功能进行了增强，同时，还新增了一些实用的功能。

本章将从文档的基本操作、文档的排版与编辑、表格创建与修饰、图文混排以及页面的设置等方面介绍 Word 2007 的使用方法。

3.1.1　实训案例

启动 Word 2007 新建一个 Word 文档，在快速访问工具栏中增加"新建"、"打开"、"快速打印"、"更多"和"Word 模板"命令，如图 3-1 所示。

图 3-1　修改后的快速访问工具栏

1. 案例分析

本案例主要涉及的知识点如下。

1）启动 Word 2007。

2）使用快速访问工具栏。

3）自定义快速访问工具栏。

4）退出 Word 2007。

2. 实现步骤

1）单击"开始"菜单，选择"所有程序"菜单中的"Microsoft Office"下的"Microsoft Office Word 2007"命令启动 Word 2007。

2）单击快速访问工具栏右侧的下拉按钮打开下拉列表框。

3）在出现的下拉列表框中选择"新建"命令。

4）重复步骤2），在出现的下拉列表框中选择"打开"命令。

5）重复步骤2），在出现的下拉列表框中选择"快速打印"命令。

6）重复步骤2），在出现的下拉列表框中选择"其他命令"命令，打开"Word 选项"对话框，如图 3-2 所示。

7）单击"常用命令"后面的下拉按钮，在出现的下拉列表框中选择"所有命令"选项显示所有可能添加到自定义快速访问工具栏的命令。

8）在列表框中依次选择"Word 模板"命令和"更多"命令，单击"添加"按钮将其添加到自定义快速访问工具栏的下拉列表框中，然后单击"确定"按钮。

9）单击窗口右上角的关闭按钮，退出 Word 2007。

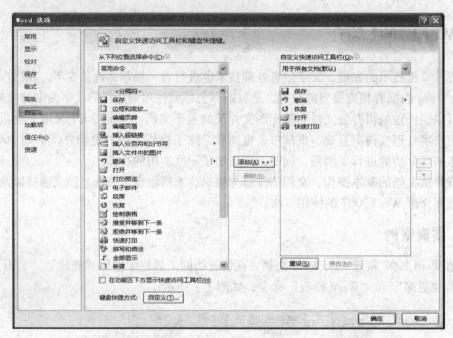

图 3-2　"Word 选项"对话框

3.1.2　Word 2007 的启动和退出

1. 启动 Word 2007

方法 1：利用"开始"菜单启动。

具体步骤如下：

1）单击任务栏左端的"开始"按钮，打开"开始"菜单。

2）将鼠标指针移动到"程序（P）"菜单项，打开"程序"级联菜单。

3）选择"程序"级联菜单中的"Microsoft Office"下的"Microsoft Word 2007"命令并单击，即可启动 Word 2007。

方法 2：利用桌面快捷方式启动。

若桌面上有 Word 2007 快捷方式图标，则可以双击该图标启动 Word 2007。

方法 3：通过 Word 2007 文件启动。

双击文件扩展名为 .docx 的文件即可启动 Word 2007 并打开该文件。

2. 退出 Word 2007

退出 Word 2007 应用程序前要保存编辑后的文档，退出时可使用下列方法之一。

1）单击 Word 2007 窗口标题栏最左端的"Office 按钮"图标，然后单击"退出

Word"按钮。

2）单击 Word 2007 窗口标题栏最右端的"关闭"按钮 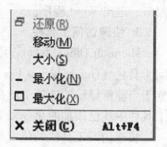 。

3）双击 Word 2007 窗口标题栏最左端的"Office 按钮"图标 。

4）在 Word 2007 窗口标题栏上右击鼠标，在弹出的快捷菜单中单击"关闭"命令，如图 3-3 所示。

5）按快捷键 < Alt + F4 > 。

若在退出前没有保存编辑后的文档，则在退出时出现提示框，询问用户是否对修改过的文档进行保存，用户可以根据自己的需要单击相应的按钮。

图 3-3　快捷菜单

3.1.3　Word 2007 的工作界面

启动 Word 2007 后即可打开 Word 2007 的窗口，如图 3-4 所示。Word 2007 窗口主要由 Office 按钮、动态命令选项卡、快速访问工具栏、标题栏、功能区、工作区和状态栏等部分组成。

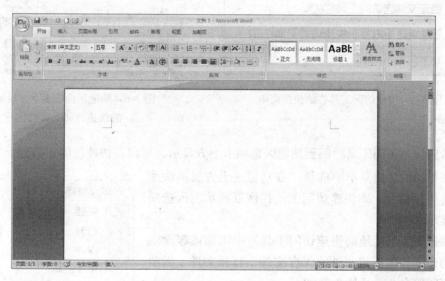

图 3-4　Word 2007 的工作界面

下面分别对 Word 2007 窗口中的各组成部分进行简单介绍。

1. "Office 按钮"图标

"Office 按钮"图标 位于 Word 2007 窗口的左上角，该按钮取代了旧版本 Office 程序中的"文件"菜单。单击此按钮，可以进行新建文档、保存文档、准备要部署文档等操作，并且通过它还可以访问其他一些特殊的应用选项。

2. 标题栏

标题栏位于 Word 2007 窗口的最顶端，主要用于显示当前编辑的文档名称。在标题栏最右端有一组窗口控制按钮。单击最小化按钮可使 Word 窗口缩小成 Windows 任务栏中的一个任务按钮；单击最大化按钮可使 Word 窗口最大化成整个屏幕，此时最大化按钮改变为还原按钮；单击还原按钮使 Word 窗口恢复到原来窗口大小，此时，还原按钮又改变为最大化按钮；单击关闭按钮，如果同时打开有多个文档，则关闭当前的文档窗口，否则就关闭 Word 窗口，退出 Word 程序。

3. 快速访问工具栏

Microsoft Office 系列应用程序将原来的工具栏设计成单个的、灵活性相对较好的快速访问工具栏（Quick Access Bar）。它是一个可自定义的工具栏，包含了一组独立于当前所显示的选项卡的命令，这使得用户在操作时不需要切换选项卡，直接到快速访问工具栏中找已添加的命令来完成操作即可。

快速访问工具栏的位置可以在功能区选项卡的上方和下方进行切换。方法是在快速启动工具栏上右击鼠标弹出一快捷菜单，如图 3-5 所示。单击"在功能区下方显示快速访问工具栏"命令，则可将快速访问工具栏移动到功能区选项卡下方显示，如图 3-6 所示。

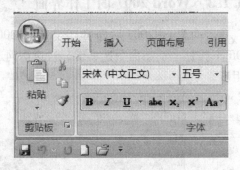

图 3-5　快速访问工具栏的快捷菜单

图 3-6　功能区选项卡下方显示
的快速访问工具栏

若希望快速访问工具栏回到功能区选项卡上方显示，可以在快速访问工具栏上单击鼠标右键，在弹出的快捷菜单中选择"在功能区上方显示快速访问工具栏"命令，则快速访问工具栏恢复到功能区选项卡上方显示。

可根据需要灵活地向快速访问工具栏中添加或删除一些常用的命令，如新建文件、保存文件、打开文件、撤消和快速打印等命令，具体方法如下。

1）用鼠标单击快速访问工具栏右侧的下拉按钮，则会弹出一下拉列表，如图 3-7 所示。在列表中选中命令或者取消选中的命令，即可实现在快速访问工具栏中增加或删除命令。

若在下拉列表中选择"其他命令"，则会打开"Word 选项"对话框。在该对话框的"自定义"选项设置页面中选择相应的命令，然后单击"添加"或"删除"按钮增加或减少在快速访问工具栏中显示的命令。若想使快速访问工具栏恢复到初始默认命令状态，则可以在如图 3-2 所示的"Word 选项"对话框的"自定义"选项设置页面中单

图 3-7　快速访问工具栏的下拉列表

击"重设"按钮。

2）直接从功能区选项卡向快速访问工具栏添加命令。

① 在功能区上，选择相应的选项卡或组以显示要添加到快速访问工具栏的命令。

② 选择要添加到快速访问工具栏的命令。例如，选择"开始"功能区选项卡中的"粘贴"命令，右击该命令按钮弹出一快捷菜单，如图 3-8 所示。从中选择"添加到快速访问工具栏"命令即可。

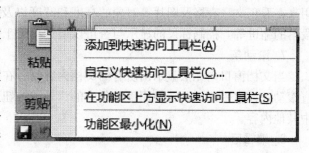

图 3-8 向快速访问工具栏添加命令的快捷菜单

4. 功能区

微软公司对 Office 2007 做了全新的用户界面设计。最大的创新之一就是取消了下拉式菜单命令，取而代之的是功能区。功能区是用户界面的一个按任务分组命令的组件，显示的是一些使用频率最高的命令。在 Word 2007 的功能区中，主要分为"开始"、"插入"、"页面布局"、"引用"、"邮件"、"审阅"、"视图"和"加载项"8 个标签，如图 3-9 所示。标签是针对任务设计的，在每个标签中，都是通过组将一个任务分解为多个子任务。例如，"插入"选项卡可分解为"文本"、"表格"、"页"、"插图"等多个组。每个组中的命令按钮都可执行一项命令或显示一个命令下拉列表。这种界面形式非常符合用户的操作习惯，便于记忆，从而提高操作效率。

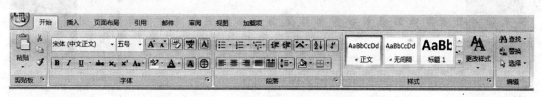

图 3-9 功能区

5. 动态选项卡

Word 2007 会根据用户当前操作的对象自动地显示一个动态选项卡，该选项卡中所有命令都和当前用户操作的对象相关。例如，用户当前选择了文中的一个表格，在功能区中会自动产生一个黄色高亮显示的"表格工具"动态选项卡，如图 3-10 所示。可方便地利用此选项卡中的命令完成对该表格的各项设置任务，提高了操作效率。

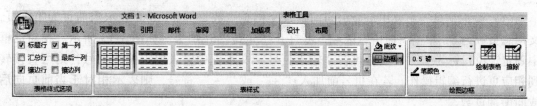

图 3-10 "表格工具"动态选项卡

6. 标尺

标尺有水平标尺和垂直标尺两种，分别位于 Word 2007 工作区的上方和左侧。标尺可以用来查看正文、表格及图片等对象的高度和宽度以及页边距尺寸，还可以用来设置制表位、段落的缩进等。控制标尺的显示与否可以通过单击工作区右上角的按钮 来实现。

7. 滚动条

当文档窗口内无法显示出所有的文档内容时，在窗口的右边框或下边框处会出现一个垂直滚动条或水平滚动条，使用滚动条中的滑块或按钮可滚动工作区内的文档，以便查看窗口中其他内容。

8. 编辑区

Word 2007 窗口中最大的一部分空白区域即为文档编辑区，所有关于文本、图片及表格等内容的操作都将在该区域中完成，如图 3-11 所示。文档编辑区中有闪烁的光标，用来定位文本的输入位置。

图 3-11　文档编辑区

9. 状态栏

状态栏位于 Word 2007 窗口的底部，如图 3-12 所示。它用来显示当前文档的一些信息，如页面信息、字数、自动更正、当前输入语言、编辑模式、视图模式和显示比例等。

图 3-12　状态栏

（1）页面信息　主要用于显示当前页及文档总页数。例如，3/8 表示当前页为第 3 页，文档总页数为 8，单击页面信息区域，可打开"定位"选项卡，如图 3-13 所示。在对话框中确定定位目标为"页"后，可在"输入页号"文本框中输入要定位的页号，则可直接转到相应页进行编辑操作。若在页号前加入"＋"或"－"符号，则表示相对于当前页向后或向前翻页数。

（2）字数信息　主要用于显示当前文档中的字数统计信息。单击字数信息区域可显示字数统计对话框，如图 3-14 所示。

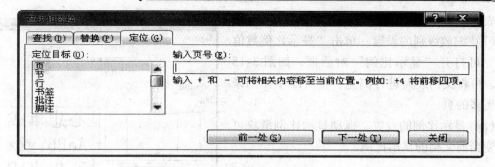

图 3-13 "定位"选项卡

（3）自动更正　主要用于发现校对错误，单击该区域可定位到需要更正的位置，并显示自动更正相关的快捷菜单。

（4）语言信息　主要用于显示当前输入语言类型，如"中文（中国）"或"英语（美国）"等信息。该信息会随用户输入法的切换而自动改变，使用户明确当前输入状态。

（5）编辑模式　有两种状态，分别为"插入"和"改写"状态。编辑模式默认为"插入"状态，单击插入信息区域可切换当前编辑模式为"改写"状态。

（6）视图模式　可分为页面视图、阅读版式视图、Web 版式视图、大纲视图和普通视图 5 种视图。单击任何一种视图按钮都可以切换到相应的视图模式查看文档。

图 3-14 "字数统计"对话框

1）页面视图。页面视图是在文档编辑中最常用的一种版式视图。在该视图下，用户可以看到图、文的排列格式，其显示效果与最终打印出来的效果相同。在页面视图下，用户不仅可以查看、编排页码，还可以设置页眉和页脚。

2）阅读版式视图。阅读版式视图最大特点是便于用户阅读操作。它模拟书本阅读的方式，让用户感觉是在翻阅书籍，它同时能将相连的两页显示在一个版面上，使得阅读文档十分方便。在该视图模式下，"Office 按钮"、功能区选项卡等窗口元素被隐藏起来，用户可以单击"工具"按钮选择各种阅读工具。

3）Web 版式视图。Web 版式视图以网页的形式显示 Word 2007 文档，采用该视图版式可以编辑用于 Internet 网站发布的文档。这样，就可以将 Word 中编辑的文档直接用于网站，并可通过浏览器直接浏览。

4）大纲视图。大纲视图主要用于 Word 2007 文档标题层次结构的设置和显示，并可以方便地折叠和展开各种层级的文档，还可以用大纲视图来组织文档并审阅、处理文档的结构。大纲视图为设计大型文档、在文档之中整块移动、生成目录和其他列表提供了一个方便的途径。

5）普通视图。普通视图模式是一种简化的页面布局，该视图模式取消了页面边距、分栏、页眉页脚和图片等元素，尽可能多地显示文档内容，在该视图模式下，不仅可以快速地输入和编辑文字，还可以对跨页的内容进行编辑。在普通视图下，页与页之间的分隔以一条虚线表示。

（7）缩放级别的设置。单击"显示比例数值区域"可打开"显示比例"对话框，如图 3-15 所示。可将文档放大进行浏览，也可缩小比例来查看更多的页。

（8）显示比例的设置。拖动显示比例滑块可以改变当前文档的显示比例。

3.1.4 文档基本操作

Word 文档是文本、表格、图片等对象的载体。对于 Word 2007 的文档基本操作主要包括文档的打开、新建、录入、保存、关闭等操作。

图 3-15 "显示比例"对话框

1. 新建空白文档

启动 Word 2007 后，程序会自动新建一个空白文档，我们也可以手动新建一个或多个空白文档，其创建方法包括以下几种。

（1）通过功能按钮 单击"快速访问工具栏"右侧按钮，在下拉菜单中选择"新建"命令，在快速访问工具栏中将显示出"新建"按钮，此后只要单击该按钮，即可新建一个空白文档。

（2）通过"新建文档"对话框 单击"Office 按钮"图标，在下拉菜单中选择"新建"命令，打开如图 3-16 所示的"新建文档"对话框，在中间的列表框中选择"空白文档"选项后，单击"创建"按钮即可创建一个空白文档。

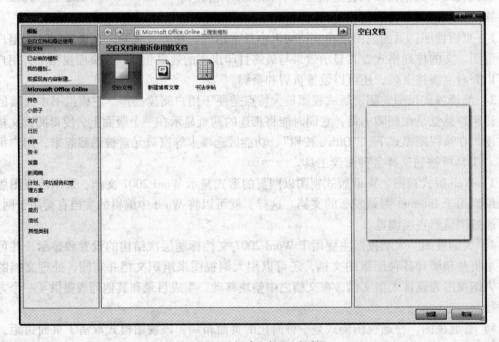

图 3-16 "新建文档"对话框

（3）通过快捷键 启动 Word 2007 后按 < Ctrl + N > 组合键也可创建一个空白文档。

启动 Word 并连续创建多个文档后，新建文档的名称按顺序依次默认为"文档 1"、"文档 2"、"文档 3"等，其扩展名为 . docx。

2. 利用模板向导新建文档

除了新建空白文档之外，在 Word 2007 中内置有多种用途的模板，利用这些模板可快速地创建各种类型的文档。可以根据实际需要选择特定模板新建 Word 文档，在模板中添加相应的内容即可完成一份漂亮工整的 Word 文档。使用模板向导新建文档的步骤如下。

1）单击"Office 按钮"图标，在弹出的菜单中选择"新建"命令，打开"新建文档"对话框，如图 3-16 所示。

2）在"新建文档"对话框中单击"已安装的模板"选项，在出现的"已安装的模板"列表框中选择一个模板，然后单击"创建"按钮，即可套用打开的模板。

提示：若用户计算机已连接上网络，还可在"新建文档"对话框的"Microsoft Office Online"选项中选择使用网络提供的更多 Word 模板来创建文档。

3. 保存文档

保存文档是把文档作为一个文件保存在磁盘上，如果不进行保存操作，则文档的内容只驻留在计算机的内存中，为了永久保存所建立的文档，在退出 Word 前应将它作为磁盘文件永久保存起来。

（1）保存新建文档 对于新创建的 Word 文档，在第一次保存时将弹出"另存为"对话框，如图 3-17 所示。一般需要指定文档的保存路径与保存名称，如果有特殊需要，还可以设定保存格式。保存新建文档的方法有以下 3 种。

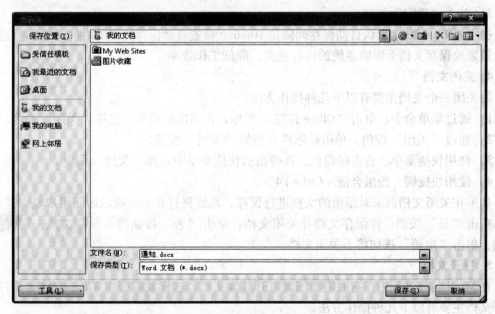

图 3-17 "另存为"对话框

1）通过菜单命令。单击窗口左上角的"Office 按钮"图标，在弹出的菜单中选择"保存"命令。

2）通过功能按钮。单击快速访问工具栏中的"保存"按钮。

3）使用快捷键。按＜Ctrl＋S＞组合键。

对文档进行首次保存后，以后再执行保存操作时，Word 将自动覆盖原文档，而不会再弹出"另存为"对话框。

（2）另存为文档 另存为文档是将当前已经保存过的文档以不同的名称保存或另保存一份副本到系统的其他位置，而不影响原文档的内容，同时关闭当前文档，自动切换到另存的文档中进行编辑。另存为文档的操作步骤如下。

1）单击"Office 按钮"图标，在弹出的菜单中选择"另存为"命令。

2）在"另存为"子菜单中选择保存文档副本的形式，即可打开"另存为"对话框。在"另存为"对话框中，设置保存文档的路径、文件名和保存类型。

3）单击"保存"按钮，即可将该文档在计算机中保存一份副本。

（3）自动保存文档 在编辑文档的过程中，为防止意外情况（停电、非法操作或是死机等）导致当前编辑的内容丢失，Word 2007 提供了自动保存功能，可以每隔一段时间就自动保存一次文档，从而极大限度地避免文档内容的丢失。

设置文档自动保存的操作步骤如下。

1）单击"Office 按钮"图标，在弹出的菜单中选择"Word 选项"命令，打开"Word 选项"对话框。

2）在"Word 选项"对话框中选择"保存"选项，在打开的"自定义文档保存方式"窗格中勾选"保存自动恢复信息时间间隔"复选框，在"分钟"微调框中输入自动保存文档的时间间隔，如输入"15"。

3）单击"确定"按钮。

提示：Word 2007 默认自动保存间隔是 10min，设置自动保存文档的时间间隔不宜过短，因为频繁地保存文档会影响系统的运行速度，降低工作效率。

4. 关闭文档

要关闭一个文档主要有以下几种操作方法。

1）通过菜单命令。单击"Office 按钮"图标，在弹出的菜单中选择"关闭"命令。

2）通过"关闭"按钮。单击标题栏右侧的"关闭"按钮。

3）使用快捷菜单。右击标题栏，在弹出的快捷菜单中选择"关闭"命令。

4）使用快捷键。按组合键＜Ctrl＋F4＞。

如果在关闭文档前未对编辑的文档进行保存，系统将打开一个提示询问用户是否进行保存，单击"是"按钮，将保存文档并关闭文档；单击"否"按钮将不保存文档，同时关闭文档；单击"取消"按钮将不关闭文档。

5. 打开文档

在 Word 运行过程中，有时需要同时打开其他文档，这样就需要在 Word 中将文档打开。打开文档主要有以下几种操作方法。

1）通过菜单命令。单击"Office 按钮"图标，在弹出的菜单中选择"打开"命令，将打开如图 3-18 所示的"打开"对话框，在其中选择文档的保存路径，然后选中要打开的文档，单击"打开"按钮。

2）通过功能按钮。在快速访问工具栏中显示出"打开"按钮，单击该按钮，即可打开"打开"对话框，从中选择并打开文档。

3）使用快捷键。按<Ctrl+O>组合键，在打开的"打开"对话框中选择并打开文档。

4）直接打开文档。直接找到文件的保存路径，用鼠标双击要打开的 Word 文档即可。

6. 转换文档

由 Word 2003 或早期版本所新建的文档，在 Word 2007

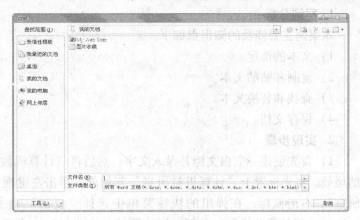

图 3-18　"打开"对话框

中以兼容模式打开。由于以前的 Word 版本不能使用 Word 2007 的新增功能，所以可以利用 Word 2007 提供的转换文档功能将由早期版本创建的文档转换为全新的格式。操作方法如下。

1）在 Word 2007 中打开一个由 Word 2003 创建的文档，该文档以兼容模式打开。

2）单击"Office 按钮"图标，在弹出的菜单中选择"转换"命令，即可将文档转换为 Word 2007 格式。

3.2　Word 2007 文档基本编辑

Word 文档是文本、表格、图片等对象的载体。对于 Word 2007 的文档基本编辑主要包括文档中文本的输入、文本的选定、复制与移动文本以及查找和替换等操作。

3.2.1　实训案例

利用 Word 2007 可以制作各种文档材料，如招标书、通知、信函等。本案例的主要任务是制作一个全国计算机等级考试报名的通知，如图 3-19 所示。

关于 2011 年 9 月计算机等级考试报名工作的通知

各部、大队、河北××学院××教学部：
根据河北省教育考试院通知，计算机等级考试定于 2011 年 9 月 17 日进行。现将有关事宜通知如下：
一、报名时间及方法
1.报名时间：2011 年 5 月 30 日—6 月 10 日。
2.报名地点：计算机教研室。
3.报名资料：个人有效证件。
4.注意事项：
　　必须本人亲自到报名点报名，现场采集照片。
　　考生于考前一周到报名处领取准考证。
二、要求
各单位积极组织好考试报名工作，杜绝错报、漏报及弄虚作假等现象发生。

计算机教研室

图 3-19　案例样图

1. 案例分析

本案例主要涉及的知识点如下。

1）文本的选定。

2）复制和粘贴文本。

3）查找和替换文本。

4）保存文档。

2. 实现步骤

1）首先创建一空白文档并录入文字，然后将"计算机教研室"文本复制粘贴到文档的结尾处。将光标置于"计算机教研室"起始处，单击左键拖拉鼠标，选定文本"计算机教研室"，右击鼠标，在弹出的快捷菜单中选择"复制"命令。将光标置于文档末尾，按<Enter>键使段落换行，在新一行的开始处右击鼠标，在弹出的快捷菜单中选择"粘贴"命令。

2）将文本"计算机等级考试"替换为"全国计算机等级考试"。单击"开始"选项卡中的"编辑"组里的"替换"按钮，打开"查找和替换"对话框，在"查找内容"文本框中输入"计算机等级考试"，在"替换为"文本框中输入"全国计算机等级考试"，如图3-20所示。单击"全部替换"按钮开始替换。

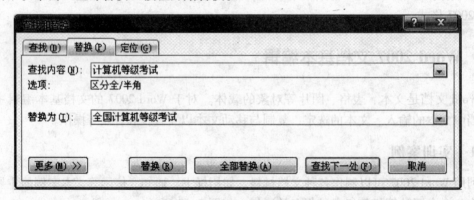

图3-20 "查找和替换"对话框

3）单击快速启动工具栏中的"保存"命令，在打开的"另存为"对话框中确认保存位置为"桌面"，保存文件名为"全国计算机等级考试报名通知"。

3.2.2 输入文本

创建了一个新文档后，用户就可以在 Word 编辑区中直接输入和编辑文档内容了。在文档编辑区中有一条闪烁的短竖线，称为插入点，表示在此处可以输入文档内容。文档的内容主要是文字，也可以是符号、图片、表格、图形等。

1. 改写/插入状态

在输入文本之前首先要注意一下状态栏当前是改写状态还是插入状态。状态栏中若显示"插入"，则表示当前为插入状态，即输入文本将显示在光标指示的位置，其后的文本自动后移；状态栏中若显示"改写"，则表示当前为改写状态，输入文本将覆盖其后的文本内容。

改写/插入状态的切换可以通过单击状态栏上的"插入"或"改写"来实现。

2. 输入文本

当输入文本时，插入点自左向右移动。如果输入了一个错误的字符或汉字，那么可以按 <Backspace> 键删除该错字，然后继续再输入。

Word 有自动换行的功能，当输入到达每行的末尾时不必按 <Enter> 键，Word 会自动换行，只有想要另起一个新的段落时才按 <Enter> 键。按 <Enter> 键表示一个段落的结束，新段落的开始。

Word 2007 既可输入汉字，又可输入英文。中/英文输入法的切换方法有：

1）单击 Windows "任务栏" 右端的 "语言指示器" 按钮，在 "输入法" 列表中单击所需的输入法。

2）按组合键 <Ctrl + 空格> 键可以在中/英文输入法之间快速切换；按组合键 <Ctrl + Shift> 可以在各种输入法之间循环切换。

3. 插入符号和特殊字符

输入时如果遇到键盘上没有的一些特殊符号，除了利用汉字输入法的软键盘外，还可以使用 Word 提供的 "插入" 功能进行插入。例如，在文档中插入符号，操作步骤如下。

1）将插入点定位到要插入符号的位置，在 "插入" 选项卡中单击 "符号" 组中的 Ω 符号 ·按钮，在弹出的下拉菜单中选择 "其他符号" 命令。

2）打开如图 3-21 所示的 "符号" 对话框，在 "符号" 选项卡的 "子集" 下拉列表中选择 "数学运算符" 选项，列表框中将显示出所有的数学运算符。

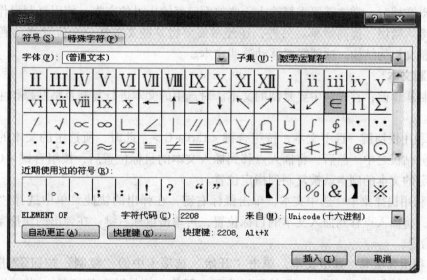

图 3-21　"符号" 对话框

3）在列表框中选择 "≠" 符号，单击 "插入" 按钮，即可将选定的符号插入到文档的指定位置。

3.2.3　选定文本

在文档中输入文本后，需要对文本进行各种编辑和设置操作，在做这些操作之前要先选择相应的文本，也就是指明要对哪些文本进行操作。若能熟练掌握文本的选定方法，将有助于提高工作效率。选择文本有以下几种方法。

（1）选择任意大小的文本区　首先将"I"形鼠标指针移到所要选定文本区的开始处，然后拖动鼠标直到所选定文本区的最后一个文字处并松开鼠标左键。这样，鼠标所拖动过的区域就被选定。如果要取消选定区域，可以用鼠标单击文档中的任意位置。

（2）选择矩形区域中的文本　将鼠标指针移动到所选区域的左上角，按住< Alt >键，拖动鼠标直到区域的右下角，放开鼠标。

（3）选择一个词组　在要选择的词组中间双击鼠标，即可选中该词组。

（4）选择一个句子　按住< Ctrl >键，将鼠标光标移到所要选句子的任意处单击一下。

（5）选择一行或多行　将鼠标指针移到所选行左端的选定区，单击一下就可选定一行文本，如果在选定区拖动鼠标，则可选定若干个连续行。若要选择多个不连续的行，可按住< Ctrl >键再在每一行的选定区单击鼠标。

（6）选择一个段落　将鼠标指针移到所要选定段落的任意行处连击三下鼠标左键。或者将鼠标指针移到所要选定段落左侧的选定区，当鼠标指针变成向右上方指的箭头时双击。

（7）选择整个文档　将鼠标指针移到文档左侧的选定区并连续快速三击鼠标左键。也可以单击"开始"选项卡"编辑"组中"选择"下拉列表框中的"全选"命令，还可以直接按快捷键< Ctrl + A >选定全文。

3.2.4　文本的复制与移动

在编辑文档时，常常需要重复输入一些前面已经输入过的文本，使用复制操作可以减少输入量和键入错误，提高效率。另外，还经常需要将某些文本从一个位置移动到另一个位置，以调整文档的结构，这就需要移动这些文本。

1. 复制文本

在复制操作前，首先选中要复制的文本。对选中的文本进行复制及粘贴操作主要有以下几种方法。

（1）利用快捷键　选中文本，按组合键< Ctrl + C >，此时，所选定的文本的副本被临时保存在剪贴板之中。然后，将插入点移到插入文本的目标位置后，按组合键< Ctrl + V >，此时所选定的文本的副本就被复制到指定位置。

（2）利用快捷菜单　选中文本，单击鼠标右键，在弹出的快捷菜单中选择"复制"命令，然后，将插入点移到插入文本的目标位置，再单击鼠标右键，在弹出的快捷菜单中选择"粘贴"命令。

（3）利用选项卡　选中文本，单击"开始"选项卡中的"复制"按钮 进行复制操作，然后，将插入点移到插入文本的目标位置，再单击"粘贴"按钮 ，即可将选定的文本的副本复制到指定位置。

2. 移动文本

在移动操作前，首先选中要移动的文本。要实现文本的移动，可利用剪切和粘贴操作完成，主要有以下几种方法。

（1）利用快捷键　选中文本，按组合键< Ctrl + X >，此时所选定的文本被剪切掉并临时保存在剪贴板中，然后，将插入点移到插入文本的目标位置后，按组合键< Ctrl + V >，所选定的文本就被移动到指定位置。

（2）利用快捷菜单　选中文本，单击鼠标右键，在弹出的快捷菜单中选择"剪切"命令，然后，将插入点移到插入文本的目标位置，再单击鼠标右键，在弹出的快捷菜单中选择"粘贴"命令。

（3）利用选项卡　选中文本，单击"开始"选项卡中的"剪切"按钮 进行剪切操作，然后，将插入点移到插入文本的目标位置，再单击"粘贴"按钮 ，即可将选定的文本移动到指定的位置。

除了以上 3 种方法外，还可通过鼠标拖拉移动文本。如果所要移动的文本块比较短小，而且目标位置就在同一屏幕中，那么用鼠标拖动实现移动显得更为简捷。一般的操作方法是先选定要移动的文本，然后将鼠标指针移到所选定的文本区，使其变成向左指箭头，再按住鼠标左键并拖至目标位置。如果在按鼠标左键之前先按下 <Ctrl> 键再进行拖动，则实现的是复制功能。

3.2.5 查找与替换

使用 Word 提供的查找与替换功能，可以快速实现在较长的文档中查找与替换相同的内容。Word 2007 提供了强大的查找与替换功能，可以查找和替换文本、格式、段落标记及其他的一些特定项。

1. 查找文本

要查找文档中的指定内容，可按如下操作步骤进行。

1）单击"开始"选项卡上"编辑"组中的"查找"按钮 或按组合键 <Ctrl+F> 打开"查找和替换"对话框。

2）单击"查找"标签，在"查找内容"列表框中输入要查找的文本，如输入"实验"。可以使用通配符来扩展搜索，以找到包含特定字母和字母组合的单词或短语。

3）若要直观地浏览所查找的文本在文档中出现的每个位置，可以在对话框中单击"阅读突出显示"按钮，然后再单击"全部突出显示"按钮即可。虽然文本在屏幕上会突出显示，但在文档打印时并不会有所变化。

4）若在对话框中单击"在以下项中查找"按钮，则可以有 4 个命令供用户选择，分别为"当前所选内容"、"主文档"、"页眉和页脚"和"主文档中的文本框"。可根据要查找文本所在的位置选择查找范围。默认为从插入点所在位置向后查找。

5）若在对话框中单击"查找下一处"按钮，Word 2007 便按指定的范围查找指定内容所出现的第一个位置，并将找到的内容以选中状态显示；如果再单击"查找下一处"按钮或按 <Enter> 键，Word 2007 便继续向后查找指定内容的第二次出现位置，依次类推。如果单击"取消"按钮，那么关闭"查找和替换"对话框，插入点停留在当前查找到的文本处。

提示：当关闭"查找和替换"对话框后，可单击垂直滚动条下端的"前一次查找/定位"按钮 或"下一次查找/定位"按钮 ，继续查找指定的文本。

2. 高级查找

上面所讲的查找为常规查找，如果需要指定查找条件，可以单击"查找和替换"对话框中的"更多"按钮，打开一个能设置各种查找条件的对话框。设置好这些选项后，可以快速查找出符合条件的文本来。

在"查找"选项卡的"高级"选项中的各个选项的功能如下。

1)"查找内容"列表框用来输入要查找的文本，或者单击列表框右端的按钮，列表中列出最近查找过的文本供选用。

2)"搜索"下拉列表框用于选择查找和替换的方向，列表中有"全部"、"向上"和"向下"3个选项。"全部"选项表示从插入点开始向文档末尾查找，然后再从文档开头查找到插入点处；"向下"选项表示从插入点查找到文档末尾；"向上"选项表示从插入点开始向文档开头处查找。

3）单击"格式"按钮可以打开下拉列表框，从中选择命令就可以设置查找与替换的文本格式、段落格式及样式等。

4）单击"特殊字符"按钮，可以打开"特殊字符"列表，从中选择所需的特殊字符。

3. 替换文本

有时需要将文档中多次出现的某些字/词替换为另一个字/词，利用"查找和替换"功能会收到很好的效果。

"替换"的操作与"查找"操作类似，具体步骤如下。

1）单击"开始"选项卡中"编辑"组的"替换"按钮 ，或直接按组合键 <Ctrl + H>，打开"查找和替换"对话框。

2）在"查找内容"下拉列表框中输入要查找的内容，如"实验"；在"替换为"下拉列表框中，输入要替换的内容，如"试验"，如图3-22所示。

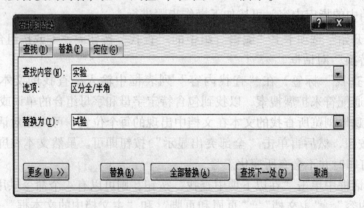

图3-22　设置好查找和替换内容的"查找和替换"对话框

3）单击"查找下一处"按钮开始查找，找到目标后反向显示。如果确要替换，则单击"替换"按钮，否则再单击"查找下一处"按钮继续查找。反复进行可以边查找边替换。如果要全部替换，那么只要单击"全部替换"按钮就可一次替换完毕。

同样，也可以使用"高级"功能来设置所查找和替换文字的格式，直接将替换的文字设置成指定的格式。

3.3　Word 2007 文档基本排版

在文档中输入内容后，为了使其看起来更美观、更专业，需要对文档中的文本进行进一步的排版操作。文档的基本排版操作主要包括字符格式的设置、段落格式的设置、设置页面以及设置边框和底纹等方面。

3.3.1　实训案例

在 3.2 节中制作的全国计算机等级考试的通知，只是完成了文档内容的录入，并没有任何格式的修饰。在日常工作和生活中，文档还需要进行格式化排版，本案例将对 3.2 节输入的通知文本进行格式化排版，排版结果如图 3-23 所示。

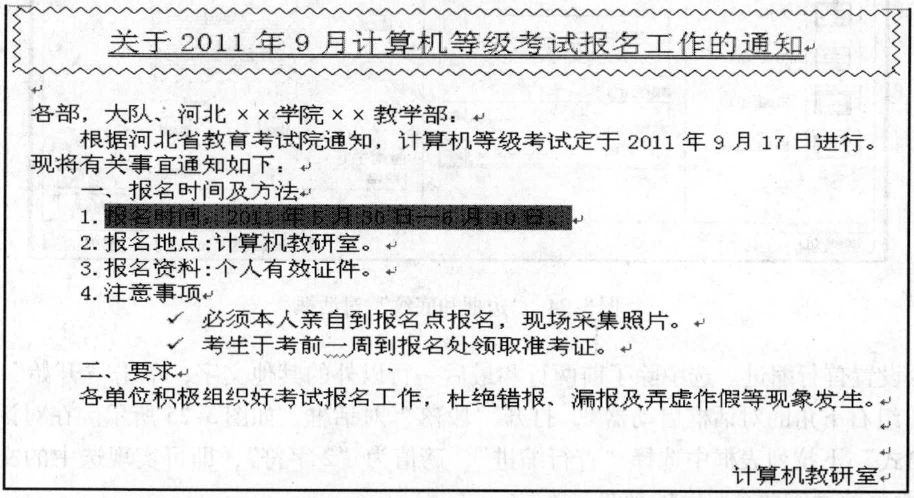

关于 2011 年 9 月计算机等级考试报名工作的通知

各部，大队、河北 ×× 学院 ×× 教学部：

根据河北省教育考试院通知，计算机等级考试定于 2011 年 9 月 17 日进行。现将有关事宜通知如下：

一、报名时间及方法

1. 报名时间：2011 年 5 月 30 日—6 月 10 日。

2. 报名地点:计算机教研室。

3. 报名资料:个人有效证件。

4. 注意事项

✓ 必须本人亲自到报名点报名，现场采集照片。

✓ 考生于考前一周到报名处领取准考证。

二、要求

各单位积极组织好考试报名工作，杜绝错报、漏报及弄虚作假等现象发生。

计算机教研室

图 3-23　案例样图

1. 案例分析

本案例主要涉及的知识点如下。

1）设置字体和字号。

2）设置下画线。

3）设置边框。

4）设置首行缩进。

5）设置底纹。

6）设置项目符号。

7）设置文本对齐方式。

8）设置段落缩进。

2. 实现步骤

1）打开“桌面”上的“全国计算机等级考试报名通知”文档，用鼠标拖动选择除标题行以外的所有文本，在“开始”选项卡“字体”组中选择“字体”列表中的“宋体”，选择“字号”列表中的“小四”字。

2）设置下画线。选中标题文字“关于 2011 年 9 月计算机等级考试报名工作的通知”，在“开始”选项卡“字体”组中选择“下画线”列表中的双下画线，选择“字号”列表中的“三号”字。

3）设置边框。选中标题文字“关于 2011 年 9 月计算机等级考试报名工作的通知”，单击"页面布局"选项卡中"页面背景"组中的"页面边框"按钮，在打开的"边框和底纹"对话框中单击"边框"选项卡，在"设置"列表中选择"方框"，在"样式"列表框中选择波浪形，在"宽度"下拉列表框中选择 1.5 磅，在"应用于"下拉列表框中选择"段落"，如图 3-24 所示。单击"确定"按钮。

图 3-24 "边框和底纹"对话框

4）设置首行缩进。选中除了前两行和最后一行以外的其他文字，单击"开始"选项卡"段落"组右下角的对话框启动器▣，打开"段落"对话框，如图 3-25 所示。在对话框中的"特殊格式"下拉列表框中选择"首行缩进"，磅值为"2 字符"，即可实现选中的文档正文中每个段落前面空两个汉字的效果。

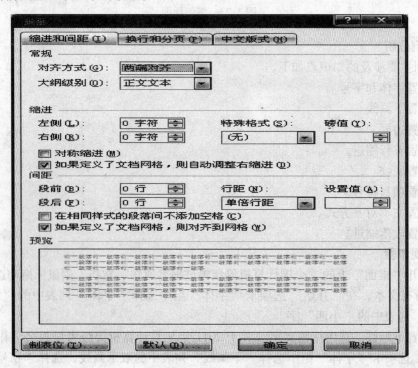

图 3-25 "段落"对话框

5）设置底纹。选中文字"报名时间：2011 年 5 月 30 日—6 月 10 日"，单击"页面布局"选项卡中"页面背景"组中的"页面边框"按钮，在打开的"边框和底纹"对话框中选择"底纹"选项卡，如图 3-26 所示。在"填充"下拉列表框中选择"红色"，在"样式"下拉列表框中选择"10%"，在"应用于"下拉列表框中选择"文字"，然后单击"确定"按钮。

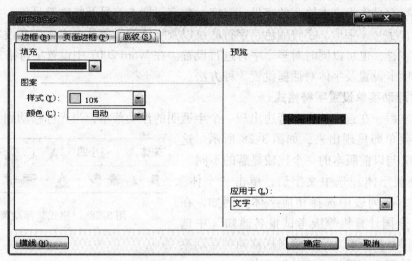

图 3-26 "底纹"选项卡

6）设置项目符号。选中文档中"注意事项"下面的两行文字，单击"开始"选项卡"段落"组中的"项目符号"按钮右侧的下拉箭头，打开列表如图 3-27 所示。单击列表中的一个项目符号即可给选定的文本添加项目符号。

图 3-27 "项目符号"列表

7）设置文本对齐方式。选中标题行"关于 2011 年 9 月计算机等级考试报名工作的通知"，单击"开始"选项卡"段落"组中的"居中"按钮，使标题行居中显示。选中文档最后一行，单击"段落"组中的"文本右对齐"按钮▤，使选中文字靠右对齐。

8）设置段落缩进。选择设置项目符号的两行文字，单击"开始"选项卡"段落"组右下角的对话框启动器▥，在打开的"段落"对话框中将左缩进值改为"4字符"。

3.3.2　字符格式

所谓的字符是作为文本输入的字母、汉字、数字、标点符号及特殊符号等。字符格式主要包括字体、字号、字形、字符颜色、字符底纹以及字体效果等几个方面。在设置时，既可以设置单个字符，也可以同时对多个字符进行设置。在 Word 2007 中设置字符格式主要有浮动菜单、选项卡设置及字体对话框设置 3 种方法。

1. 通过浮动菜单设置字符格式

选中文本后，在选中的文本旁边出现一个半透明的浮动菜单，当光标移动到半透明菜单上时，浮动菜单即显现出来，如图 3-28 所示。这是 Word 2007 与以前版本的一个比较显著的不同。

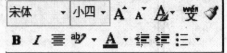

图 3-28　"格式"浮动菜单

（1）设置字体　选中文字后，单击"字体"按钮宋体，在列表中选择相应字体。例如，在案例文档"全国计算机等级考试报名通知"中选中除标题行以外的所有文字，将鼠标移动到浮动菜单上，在字体列表中选择"宋体"字体。

（2）设置字号　选中文字后，单击"字号"按钮小四，在列表中选择相应字号。还可以单击"增大字体"按钮A和"缩小字体"按钮A来改变文字的大小。

（3）格式刷的使用　可以使用格式刷将选中的源字体格式复制到其他文本中。

例如，选中"全国计算机等级考试报名通知"文档中的文字"一、报名时间及方法"，按前面方法设置字体为"黑体"，若想让文档中的文字"二、要求"也为"黑体"，则在选中"一、报名时间及方法"后，单击"格式刷"按钮，鼠标旁边会显示一个格式刷，此时文字"一、报名时间及方法"的格式被复制为源格式，然后拖动鼠标选中文字"二、要求"，则被选中的文字就具有与"一、报名时间及方法"相同的格式。

若要反复使用格式刷，只需双击浮动菜单中的"格式刷"按钮，就可反复使用复制的源格式，待格式复制结束后，再次单击"格式刷"即可。

（4）设置字体加粗与倾斜　选中文字后，单击加粗命令按钮**B**即可使选中的文字加粗显示；若选中文字后单击倾斜命令按钮*I*，还可以使选中的文字倾斜显示。

（5）设置不同颜色突出显示文本　选中文字后，单击"以不同颜色突出显示文本"按钮旁的下拉按钮▾，打开颜色列表，选择要设置的突出显示的颜色。

（6）设置字体颜色　选中文字后，单击"字体颜色"按钮旁的下拉按钮△，打开颜色列表，选择要设置的颜色即可。

2. 通过选项卡设置字符格式

选项卡除了可以设置在浮动菜单中具有的字体格式外，还可以设置其他的字符格式。操作前仍需选定需要设置格式的文本，然后单击"开始"选项卡，单击"字体"组中的功能按钮即可实现相应的格式设置。

Word 2007 在"字体"组中增加了一些在以前版本的工具栏上所不具备的新的格式按

钮，主要有以下几个。

（1）"清除格式"按钮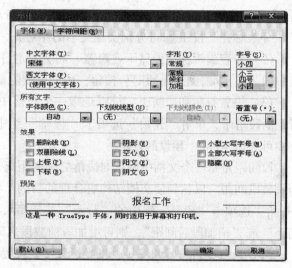　选中文字后，单击"清除格式"按钮，则选中的文字中的英文字体恢复为"Times New Roman"字体，字号恢复为"五号"，其他的特殊格式，如文字颜色等，将会消失；选中的文字中的中文字体恢复为"宋体"，字号也恢复为"五号"。

（2）"删除线"按钮 **abc** 　选中文本后，单击该按钮就可在选定的文本中间画一条线，再次单击该按钮则可取消此删除线。

（3）"下标"按钮 **x₂** 和"上标"按钮 **x²** 　选中文本后，单击"下标"按钮，则可使选中的文本以小字符的形式显示在所选位置文字基线的下方；选中文本后，单击"上标"按钮，则可使选中的文本以小字符的形式显示在所选位置文字基线的上方。

3. 通过"字体"对话框设置字符格式

单击"开始"选项卡"字体"组右下角的对话框启动器按钮，即可打开"字体"对话框，如图 3-29 所示。该对话框有两个选项卡，分别是"字体"和"字符间距"。"字体"选项卡主要可以用来设置文字的字体、字形、字号、字体颜色、下画线类型及颜色、着重号及其他特殊的文字格式。"字符间距"选项卡主要可以用来设置字符缩放、字符

图 3-29 "字体"对话框

间距和设置字符位置等格式。Word 2007 中所有字符格式都可以在"字体"对话框中进行设置。

3.3.3 段落格式

在 Word 2007 中段落是以 < Enter > 键结束的内容，即以段落标记符结束的内容。设置段落格式后，可以使整个文档看起来结构分明、条理清楚、版面整洁。段落格式的设置主要包括段落的对齐方式、段落的缩进、行间距与段间距等几个方面。设置段落格式仍然可以采用浮动菜单、选项卡设置及段落对话框 3 种方法。

1. 通过浮动菜单设置段落格式

在浮动菜单中，除了前面介绍的设置字符格式的按钮外，还有一些按钮可用来设置段落的格式。

（1）设置文本对齐方式　选中文本后，单击浮动菜单中的"居中"按钮，可实现选中文本的居中对齐。除了居中对齐外，Word 2007 还提供了文本靠左对齐、靠右对齐及分散对齐，这 3 种对齐方式无法在浮动菜单中实现，可以使用选项卡或"段落"对话框来进行设置。

（2）减少或增加缩进量　选中要设置缩进量的段落，单击浮动菜单中的"减少缩进量"按钮 或"增加缩进量"按钮 ，可减少或增加选中段落向左边界的缩进值。

（3）设置项目符号　选中要设置项目符号的段落，单击浮动菜单中的"项目符号"按钮右侧的下拉按钮三 ，在出现的列表中选择一种项目符号即可。

2. 通过选项卡设置段落格式

选项卡除了可以设置在浮动菜单中具有的段落格式外，还可以设置其他的段落格式，如行距、显示/隐藏编辑标记等。操作前可以将光标置于要设置格式的段落，然后单击"开始"选项卡，选择"段落"组中的功能按钮即可实现相应的格式设置。

（1）设置文本对齐方式　将光标置于要设置格式的段落，然后单击"开始"选项卡"段落"组中的"文本左对齐"按钮、"文本右对齐"按钮、"两端对齐"按钮或者"分散对齐"按钮可分别实现文本的左对齐、右对齐、两端对齐或者分散对齐方式。

（2）设置编辑标记的显示或隐藏　将光标置于文档中，单击"开始"选项卡"段落"组中的"显示/隐藏编辑标记"按钮，可显示或隐藏段落标记及空格等其他格式符号。

（3）设置行距和段间距　行距是指一个段落中行与行之间的距离。将光标置于要调整行距的段落中，单击"开始"选项卡"段落"组中的"行距"按钮，在弹出的下拉列表中可选择 Word 中预设的行距。

段间距是指一个文档中段落与段落之间的距离，在编排一些段落较多的文档时，可以适当调整段间距，以达到使文档结构更合理的目的。将光标置于要调整段间距的段落中，单击"开始"选项卡"段落"组中的"行距"按钮，在弹出的下拉列表中可选择"增加段前间距"或"增加段后间距"，则可增加段前或段后间距。

（4）设置项目符号和编号　将光标置于要设置项目符号或编号的段落中，单击"开始"选项卡"段落"组中的"编号"按钮右侧的下拉按钮三 ，在弹出的下拉列表中选择一种编号即可给该段落添加编号。若单击"开始"选项卡"段落"组中的"项目符号"按钮右侧的下拉按钮三 ，在弹出的下拉列表中选择一种项目符号即可给该段落添加项目符号。

3. 通过"段落"对话框设置段落格式

单击"开始"选项卡"段落"组右下角的对话框启动器按钮，即可打开"段落"对话框。该对话框有 3 个选项卡，分别是"缩进和间距"选项卡、"换行和分页"选项卡和"中文版式"选项卡。"缩进和间距"选项卡主要可以用来设置段落的对齐方式、缩进方式、段间距及行距。"换行和分页"选项卡主要可以用来设置分页选项及格式设置例外项。"中文版式"选项卡主要可以用来设置换行选项及字符间距选项。Word 2007 中所有的段落格式都可以在"段落"对话框中进行设置。

3.3.4　页码与行号

在整个文档中，尤其是较长的文档，每页加上页码或给每行加上行号会使文本更容易阅读。

1. 插入页码

单击"插入"选项卡的"页眉和页脚"组中的"页码"按钮，弹出如图 3-30 所示的下拉列表，从中选择相应的命令为文档设置合适的页码即可。

提示：只有在页面视图和打印预览方式下可以看到插入的页码，普通视图和大纲视图下看不到页码。

2. 插入行号

单击"页面布局"选项卡的"页面设置"组中的"行号"按钮，弹出如图 3-31 所示的下拉列表，从中选择相应的命令为文档设置合适的行号即可。

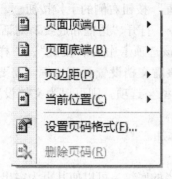
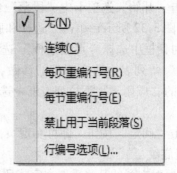

图 3-30 "页码"下拉列表　　　　　图 3-31 "行号"下拉列表

3.3.5 设置边框和底纹

为文本或段落添加边框与底纹，可以突出显示重要的内容，提高文档的整体效果，使整个文档看起来更加美观和专业。在给文档中的内容添加边框和底纹时，可以选择是为文字添加还是为段落添加。

1. 设置边框

边框是一种修饰文字或段落的方式，给文字或段落加上边框可以强调相应的内容，突出显示。

（1）通过"字符边框"按钮**A**设置边框　给文字添加边框可以先选定相应的文字，再单击"开始"选项卡"字体"组中的"字符边框"按钮**A**，则可以给选定的文字添加一个边框。若要取消文字的边框，则可重复刚才的操作。

（2）通过"边框"按钮设置边框　若要给文本设置其他样式的边框，可选定一段文本后，单击"开始"选项卡"段落"组中的"边框"按钮右侧的下拉按钮，打开如图 3-32 所示的下拉列表，从中选择相应的命令为文档设置合适的其他样式的边框。

（3）通过"边框和底纹"对话框设置边框　选中文本后，打开图 3-32 所示的下拉列表，从中选择"边框和底纹"命令可以打开"边框和底纹"对话框。在"边框"选项卡中的"设置"、"样式"、"颜色"、"宽度"等列表中选定所需的参数，即可给选定文本设置边框。需要注意的是，在该选项卡的"应用于"下拉列表框中应选定"文字"选项，可以为选定的文本添加边框，若选定"段落"选项则可为选定文本所在的段落添加边框。

图 3-32 "边框"下拉列表

2. 设置页面边框

页面边框是分布在页面四周的边框，页面边框除了可以设置边框的类型、样式、颜色、宽度及应用范围外，还可以选择艺术型页面边框，方法如下。

1）单击"开始"选项卡中"段落"组的"边框"按钮右侧的下拉按钮▦▾，在打开的列表中（如图3-32所示）单击"边框和底纹"命令，打开"边框和底纹"对话框。

2）在对话框中选择"页面边框"选项卡，在该选项卡中的"设置"、"样式"、"颜色"、"宽度"等列表中选定所需的参数，即可给整篇文档设置页面边框。需要注意的是，在该选项卡的"应用于"下拉列表框中选择"艺术型"选项，则可以为文档设置艺术型的页面边框。

3）单击"确定"按钮，即可实现页面边框的添加。

3. 设置底纹

有时需要对文章的某些重要文字或段落加上适当的底纹，可以使其更为突出和醒目。给文本或段落添加底纹的方法如下。

（1）通过"字符底纹"按钮**A**设置底纹　给文字添加底纹可以先选定相应的文字，再单击"开始"选项卡"字体"组中的"字符底纹"按钮**A**，则可以给选定的文字添加一种底纹。若要取消文字的底纹，则可重复刚才的操作。

（2）通过"底纹"按钮▨▾设置底纹　若要给文本设置其他颜色的底纹，则可选定一段文本后，单击"开始"选项卡"段落"组中的"底纹"按钮右侧的下拉按钮▨▾，打开如图3-33所示的下拉列表，从中选择合适的颜色为选中的文本设置其他颜色的底纹。

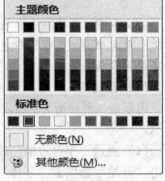

图3-33　"底纹"下拉列表

（3）通过"边框和底纹"对话框设置底纹　选中文本后，打开图3-32所示的下拉列表，从中选择"边框和底纹"命令可以打开"边框和底纹"对话框。在"底纹"选项卡中设置底纹的填充颜色、图案的样式及颜色等。需要注意的是，在该选项卡的"应用于"下拉列表框中应选定"文字"选项，可以为选定的文本添加底纹，若选定"段落"选项则可为选定文本所在的段落添加底纹。

3.4　表格

表格是文档办公中不可缺少的对象。利用 Word 2007 中的表格创建功能，可以制作出美观、专业并且非常实用的表格。

3.4.1　实训案例

在日常工作与学习过程中要经常制作表格，如在 3.2 节的制作全国计算机等级考试报名的通知案例中，还需要将考试内容及形式以表格的形式展现出来，这样可以使报名者对考试内容一目了然。本案例就是在 3.2 节案例的基础上添加一个表格，并输入相应内容，将考试内容及形式展现出来，如图 3-34 所示。

考试内容及形式

科 目		笔试	上机	备注
一级	一级 B	无	90 分钟	
	一级 MS	无	90 分钟	
二级	C 语言	90 分钟	90 分钟	VC 环境
	VB	90 分钟	90 分钟	
	VFP	90 分钟	90 分钟	
	C++	90 分钟	90 分钟	
三级	信息管理技术	120 分钟	60 分钟	
	网络技术	120 分钟	60 分钟	VC 环境
	数据库技术	120 分钟	60 分钟	
四级	网络工程师	120 分钟	暂无	
	数据库工程师	120 分钟	暂无	
	软件测试工程师	120 分钟	暂无	

图 3-34 案例样图

1. 案例分析

本案例主要涉及的知识点如下。

1）表格的插入。

2）单元格的合并与拆分。

3）设置文本对齐方式。

4）调整行高和列宽。

5）设置单元格底纹。

2. 实现步骤

1）打开"桌面"上的"全国计算机等级考试报名通知"文档，将光标定位到文档末尾处，选择"插入"选项卡"页"组中的"分页"按钮 ▤ 分页，将光标定位到下一页起始处。

2）输入文本"考试内容及形式"，并选中这些文本，在浮动菜单中将其设置为黑体小三号，再选择居中对齐方式，然后换行，将光标定位在下一行。

3）选择"插入"选项卡，单击"表格"按钮打开下拉列表，在下拉列表中选择"插入表格"命令，在打开的"插入表格"对话框中输入"列数"值为 5，"行数"值为 13，然后单击"确定"按钮。

4）用鼠标拖动选择第 1 行第 1 列、第 2 列处的两个单元格，用鼠标右键单击，在弹出的快捷菜单中选择"合并单元格"命令。

5）用鼠标拖动选择第 2 行、第 3 行第 1 列处的两个单元格，用鼠标右键单击，在弹出的快捷菜单中选择"合并单元格"命令。

6）选择第 2 行第 4 列处的单元格，用鼠标右键单击，在弹出的快捷菜单中选择"拆分"命令，在弹出的"拆分单元格"对话框中输入"列数"值为 2，"行数"值为 1，然后单击"确定"按钮。

7）选择第 3 行第 4 列处的单元格，用鼠标右键单击，在弹出的快捷菜单中选择"拆分"命令，在弹出的"拆分单元格"对话框中输入"列数"值为 2，"行数"值为 1，然后单击"确定"按钮。

8）用鼠标拖动选择第 4～7 行第 1 列处的 4 个单元格，用鼠标右键单击，在弹出的快捷菜单中选择"合并单元格"命令。

9）用鼠标拖动选择第 8～10 行第 1 列处的 3 个单元格，用鼠标右键单击，在弹出的快捷菜单中选择"合并单元格"命令。

10）用鼠标拖动选择第 11～13 第 1 列处的 3 个单元格，用鼠标右键单击，在弹出的快捷菜单中选择"合并单元格"命令。

11）按照样图输入相关内容，字号为四号，字体为宋体。

12）单击表格左上角的选择按钮选中整个表格，用鼠标右键单击，在弹出的快捷菜单中选择"单元格对齐方式"中的"水平居中"命令。

13）将鼠标放置到行线或列线上，鼠标会变为双线形状，按下鼠标左键拖动鼠标来调整行高和列宽。

14）选择第 2 行、第 3 行第 4 列处的 4 个单元格，用鼠标右键单击，在弹出的快捷菜单中选择"边框和底纹"命令，在打开的"边框和底纹"对话框中给单元格设置一种浅绿色底纹。

3.4.2　创建表格

在 Word 2007 中，可以快速插入 8 行 10 列以内的任意表格，也可以通过从一组预先设定好格式的表格中选择要插入的表格，或通过选择需要的行数和列数来插入表格，还可以绘制包含不同高度单元格的表格。

1. 快速插入表格

这种方法可以快速地插入 8 行 10 列以内的任意表格，如在文档中插入一个 4 行 5 列的表格，操作方法如下。

将光标定位到文档中要插入表格的位置，单击"插入"选项卡"表格"组中的"表格"按钮。按住鼠标左键拖动鼠标，在拖动的同时，可以在文档中预览到插入表格的效果，当拖动到第 4 行第 5 列交汇的单元格时，单击鼠标即可实现该表格的插入。

2. 使用表格模板插入表格

使用表格模板可以在文档中插入一组预先设定好格式的表格。表格模板中包含示例数据，可以帮助用户想象添加数据时表格的外观。使用表格模板插入表格的操作方法如下。

将光标定位于文档中要插入表格的位置，单击"插入"选项卡"表格"组中的"表格"按钮，在出现的列表中选择"快速表格"命令，打开内置于 Word 2007 中的模板列表，选择一种需要的表格单击鼠标，即可在指定的位置插入一个带有示例数据的表格，可以使用所需要的数据来替换模板中的示例数据。

3. 使用指定行数与列数方式插入表格

如果要插入包含较多行和列的表格，则可以通过"插入表格"对话框方式直接指定行数和列数来插入表格，操作方法如下。

1）将光标定位于要插入表格的位置，单击"插入"选项卡"表格"组中的"表格"按钮，在出现的列表中选择"插入表格"命令，打开如图 3-35 所示的"插入表格"对话框。

2）在对话框中输入要插入表格的行数和列数，然后单击"确定"按钮，即可在指定位置插入一个表格。

4. 绘制表格

使用"插入表格"功能，只能在文档中插入比较规则的表格。如果要绘制包含不同高度的单元格或者其他不规则的表格，则可以使用"绘制表格"功能来手动绘制表格，操作方法如下。

1）将光标定位于要插入表格的位置，单击"插入"选项卡"表格"组中的"表格"按钮，在出现的列表中选择"绘制表格"命令，此时鼠标光标变为铅笔形状，按住鼠标左键并拖动鼠标即可绘制一个矩形框，然后在该矩形框中可以绘制行线和列线来实现不规则表格的绘制。

2）选择功能区中"表格工具"的"设计"选项卡中"绘制边框"组中的"擦除"按钮，可以擦除一条或多条线。

3）绘制完毕后，在单元格中单击，开始输入文字或插入图形。

5. 将文本转换为表格

在已经输入文本的情况下，可以使用将文本转换成表格的方法来创建表格，操作方法如下。

1）选定用制表符分隔的文本。

2）选择"插入"选项卡"表格"组中的"表格按钮"，在出现的下拉列表中选择"文本转换成表格"命令，打开如图 3-36 所示的对话框。

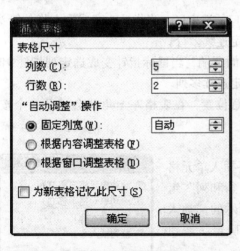

图 3-35 "插入表格"对话框

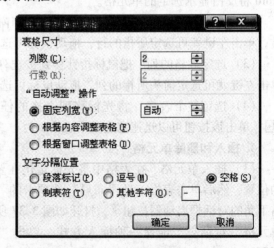

图 3-36 将"文本转换成表格"对话框

3）在对话框的"列数"微调框中输入具体的列数；在"文字分隔位置"选项组中，选定"制表符"单选按钮。

4）单击"确定"按钮即可实现文本转换为表格。

3.4.3 编辑表格

1. 输入数据

表格中的每一个小格叫做单元格，在每一个单元格中都有一个段落标记。因此，在输入单元格内容时，可以把每一个单元格当做一个小的段落来处理。

要向单元格中输入文本，首先单击该单元格，然后输入文本，当输入到单元格右边线时，单元格高度会自动增大，把输入的内容转到下一行。像编辑文本一样，如果要另起一段，那么应按<Enter>键。

单元格中的文本像文档中其他文本一样，可以使用选定、插入、删除、剪切和复制等基本编辑技术来编辑它们。

如果需要在单元格中插入图片，可以使用"插入"选项卡"插图"组中的"图片"命令来实现。

2. 单元格对齐方式

表格在输入内容后，每一个单元格相当于一个小文档，对于这些已有内容的单元格，可以设置它们文本的对齐方式，操作方法是先选定需要进行对齐设置的单元格区域，然后单击鼠标右键，选择快捷菜单中"单元格对齐方式"中相对应的命令即可。

这些对齐方式包括靠上两端对齐、靠上居中对齐、靠上右对齐、中部两端对齐、水平居中对齐、中部右对齐、靠下两端对齐、靠下居中对齐、靠下右对齐。

3. 表格的选择

在对表格进行各种操作之前，首先要选定编辑区域，其操作方法如下。

（1）选择单元格　把鼠标指针移到要选定的单元格中，当指针变为选定单元格指针时，单击左键，就可选定所指的单元格，另外拖动鼠标还可以选择连续的多个单元格，Word将反白显示选定的单元格。

（2）选定表格的行　把鼠标指针移到文档窗口的选定区，当指针改变成右上指的箭头时，单击左键就可选定所指的行，拖动鼠标可选定连续多行。

（3）选定表格的列　把鼠标指针移到被选列的顶端，当鼠标指针变成选定列指针时，单击左键就可选定箭头所指的列，拖动鼠标可选定连续多列。

（4）选定整个表格　将光标移到表格的任意位置，在表格左上角就会显示一个按钮，单击该按钮可以迅速选定整个表格。

4. 插入和删除单元格

（1）插入单元格　在表格中将光标定位在要插入单元格的位置，然后单击表格工具"布局"选项卡的"行和列"组右下角的对话框启动器按钮，打开如图3-37所示的"插入单元格"对话框，选择一种插入方式，单击"确定"按钮即可。

（2）删除单元格　选中表格中要删除的一个或多个单元格，然后单击表格工具"布局"选项卡的"行和列"组中的

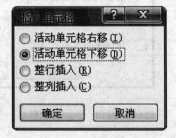

图3-37 "插入单元格"对话框

"删除"按钮，在出现的下拉列表中选择"删除单元格"命令即可。

5. 插入和删除行和列

表格创建后，如果不满意还可以进行行和列的增、删操作。

（1）插入行和列　　选定表格中的一行或几行（一列或几列），选择表格工具"布局"选项卡的"行和列"组，单击"在上方插入"或"在下方插入"按钮，可在选择的行上方或下方插入一行或几行（单击"在左侧插入"或"在右侧插入"按钮，可在选择的列左侧或右侧插入一列或几列）。

（2）删除行和列　　选中表格中要删除的一个或多个行或者列，然后单击表格工具"布局"选项卡的"行和列"组中的"删除"按钮，在出现的下拉列表中选择"删除行"或者"删除列"命令即可。

6. 单元格的拆分与合并

在简单表格的基础上，通过对单元格的合并或拆分可以构成比较复杂的表格。一个单元格可以拆分成多个单元格，多个单元格也可以合并为一个。

（1）单元格的拆分　　首先选定要拆分的单元格，然后选择表格工具"布局"选项卡
"合并"组中的"拆分单元格"按钮▤拆分单元格，打开如图
3-38 所示的"拆分单元格"对话框，在对话框中输入单元格
要拆分成的行数和列数，单击"确定"按钮即可。

（2）单元格的合并　　如果需要将表格的若干个连续单元
格合并成一个大的单元格，那么首先选定这些要合并的单元
格，然后选择表格工具"布局"选项卡"合并"组中的"合
并单元格"按钮▤合并单元格，Word 2007 就会删除所选单元
格之间的分界线，建立一个新的单元格。

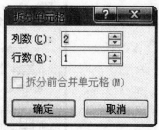

图 3-38 "拆分单元格"对话框

7. 拆分表格

拆分表格的含义是将表格拆分为两个独立的表格，操作方法如下。

先将光标置于拆分后成为第二个表格的首行任意单元格中，然后选择表格工具"布局"选项卡"合并"组中的"拆分表格"按钮▤拆分表格，此时在光标所在行的上方插入一空白段，把表格拆分成两张表格。

Word 2007 将在拆分表格的两部分之间插入一个用正文样式设置的段落格式标记，如果要合并两个表格，只要删除两表格之间的段落标记即可。

8. 调整行高和列宽

一般情况下，Word 2007 能根据单元格中输入内容的多少自动调整，但也可以根据需要来修改它。

（1）使用鼠标调整行高或列宽　　当不需要精确设定行高和列宽时，可以利用鼠标拖动的方法来实现行高和列宽的调整，操作方法如下。

将鼠标指针移到准备调整尺寸的行的下边框或列的左边框上，当鼠标指针呈现双横线或双竖线形状时，按住鼠标左键上下或左右拖动即可改变当前的行高或列宽。

注意：在拖动调整列宽指针时，整个表格大小不变，但表格线相邻的两列列宽均改变。如果在拖动调整列宽指针的同时按住 <Shift> 键，则表格线左侧的列宽改变，其他各列的列宽不变，表格大小改变。

（2）通过"布局"选项卡调整行高或列宽　若要精确地设置表格中的行高和列宽，可以通过"布局"选项卡来完成，操作方法如下。

选定需要调整的行或列，在表格工具"布局"选项卡"单元格大小"组中的"高度"或"宽度"数值框中设置新的数值，则可以精确地调整所选行或列的高度值或宽度值。

另外，通过"表格属性"对话框也可精确地设置表格中的行高和列宽，操作方法如下。

选择"表格"→"表格属性"命令，在弹出的"表格属性"对话框中选择"行"选项卡可以调整行高，选择"列"选项卡可以调整列宽。

9. 设置标题行重复

如果一个表格较大，需要跨页显示，则可以设置标题行重复，这样会在每一页都明确显示表格中的每一列的标题。在 Word 2007 中设置标题行重复的操作方法如下。

1）在表格中选中表格第一行的标题行，选择表格工具"布局"选项卡中"表"组的"属性"按钮，打开如图 3-39 所示的"表格属性"对话框。

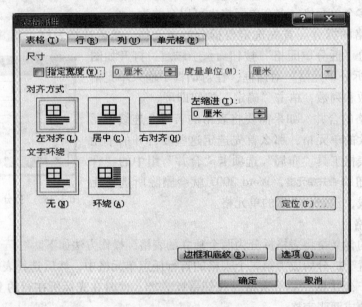

图 3-39　"表格属性"对话框

2）在"表格属性"对话框中选择"行"选项卡，然后选中"在各页顶端以标题行形式重复出现"复选框。

3）单击"确定"按钮即可实现标题行重复。

3.4.4　修饰表格

创建表格并在其中输入数据后，可以手动对数据和表格进行一系列设计与修饰，还可以采用 Word 2007 自带的套用格式，让表格看起来更加美观，内容更加清晰整齐。

1. 自动套用格式

Word 2007 为用户预定义了多种表格格式，它预定义了许多表格的格式、字体、边框、底纹、颜色供选择，可以快速地将表格设置为较为专业的格式，操作方法如下。

将光标移到要套用格式的表格内或选定表格，选择表格工具"设计"选项卡中"表样式"组中的一种样式，单击鼠标即可将选定的样式应用于该表格。

2. 设置表格边框和底纹

除了表格自动套用格式外，还可以使用"表格和边框"工具栏对表格的边框线和线形、粗细和颜色、底纹颜色等进行个性化的设置。

（1）设置表格边框　在为表格设置边框时，可以对边框线条的粗细、颜色和样式进行设置，操作方法如下。

将光标定位到表格中的任意单元格，单击表格工具"设计"选项卡"表样式"组中的"边框"按钮右侧的下拉按钮，在出现的下拉列表中选择"边框和底纹"命令，打开"边框和底纹"对话框。在"边框和底纹"对话框的"边框"选项卡中设置边框的样式、颜色及宽度即可。

（2）设置表格底纹　用户可以为表格中的指定单元格或整个表格设置背景颜色，使表格外观层次分明，操作方法如下。

将要设置底纹的部分选中，单击表格工具"设计"选项卡"表样式"组中的"底纹"按钮，在出现的下拉列表中选择一种颜色即可。如果没有合适的颜色，可在下拉列表中选择"其他颜色"命令，打开如图 3-40 所示的"颜色"对话框，在对话框中进行相应的设置即可。

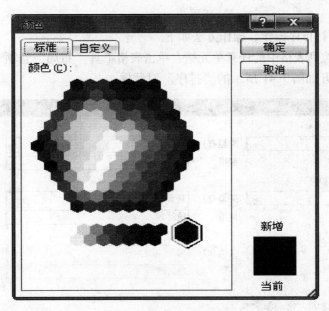

图 3-40　"颜色"对话框

3. 设置表格中的文字方向

表格中的文字方向可以分为水平排列和垂直排列两类，设置表格中的文字方向，操作方法如下。

1）选定需要修改文字方向的单元格。

2）在表格工具"布局"选项卡"对齐方式"组中单击"文字方向"按钮，可以使表格中的文本在"水平"和"垂直"两种方向之间进行切换。

4. 设置表格的对齐方式

在 Word 2007 文档中，如果所创建的表格没有完全占有 Word 文档页边距内的页面，则可以为表格设置相对于页面的对齐方式，操作方法如下。

1）将光标定位到表格中的任意单元格，单击表格工具"布局"选项卡"表"组中的"属性"按钮，打开"表格属性"对话框。

2）在"表格属性"对话框中选择"表格"选项卡，选择一种对齐方式，如"左对齐"、"居中"或"右对齐"。

3）若要设置表格与文字的环绕方式，还可以单击"环绕"按钮。

4）设置结束后单击"确定"按钮即可。

5. 表格的移动与缩放

当光标位于表格的任意位置时，在表格外边框的左上角会出现表格移动标志，右下角出现表格缩放标志。

拖动表格移动标志可以将表格移动到页面上的任意位置；当鼠标指针移动到缩放标志上时，拖动鼠标可以改变整个表格大小。

3.4.5 排序和计算

1. 表格排序

表格中可以进行排序操作，操作方法如下。

1）将光标定位到表格中的任意单元格，单击表格工具"布局"选项卡"数据"组中的"排序"按钮，打开如图 3-41 所示的"排序"对话框。

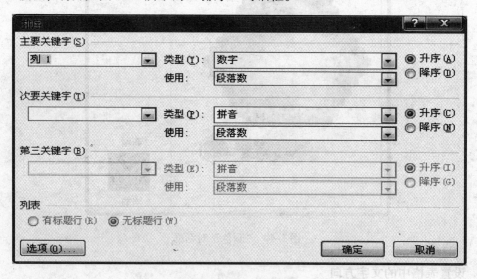

图 3-41 "排序"对话框

2）在"排序"对话框中选择排序关键字、排序的类型及升序或是降序。

3）单击"确定"按钮即可完成数据的排序操作。

2. 表格计算

在表格中可以进行简单的计算，操作方法如下。

1）将光标定位到存放运算结果的单元格中，单击表格工具"布局"选项卡"数据"组中的"公式"按钮，打开如图3-42所示的"公式"对话框。

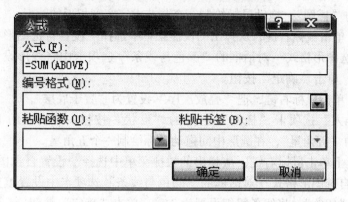

图3-42 "公式"对话框

2）在"公式"对话框中确定公式内容，或者使用"粘贴函数"命令粘贴函数。

3）确定编号的格式，可以在"编号格式"下拉列表框中进行选择。

4）单击"确定"按钮即可完成数据的计算操作。

3.5 图文混排

3.5.1 实训案例

利用 Word 2007 制作一个计算机教研室的印章，如图3-43所示。

1. 案例分析

本案例主要涉及的知识点如下。

1）艺术字的插入。

2）艺术字的版式设置。

3）形状的插入及颜色填充。

4）形状的叠放次序。

5）艺术字及形状的组合。

2. 实现步骤

1）启动 Word 2007 新建一个文档，单击"插入"选项卡"文本"组中的"艺术字"按钮，然后选择"艺术字样式3"样式，打开"编辑艺术字文字"对话框。

图3-43 案例样图

2）在"编辑艺术字文字"对话框中，输入文字"计算机教研室印章"，字号设为"36"，字体设为"宋体"，单击"确定"按钮。

3）单击艺术字，艺术字周围会出现控制柄，在控制柄上按下鼠标左键拖动鼠标，将艺术字调整为圆弧形。

4）在艺术字上单击鼠标右键，从弹出的快捷菜单中选择"设置艺术字格式"命令，在出现的"设置艺术字格式"对话框中选择"版式"选项卡中的"浮于文字上方"，单击

"确定"按钮。

5）单击"插入"选项卡"插图"组中的"形状"按钮，在出现的下拉列表中选择"基本形状"中的"椭圆"，拖动鼠标绘制一个与艺术字宽度相近的圆形。

6）在圆形上单击鼠标右键，从弹出的快捷菜单中选择"设置自选图形格式"命令，在出现的"设置自选图形格式"对话框的"颜色与线条"选项卡中将线形设置为双实线，线条粗细值为5磅，单击"确定"按钮。

7）在圆形上单击鼠标右键，把"叠放次序"设置为"置于底层"。

8）单击"插入"选项卡"插图"组中的"形状"按钮，在出现的下拉列表中选择"星与旗帜"中的"五角星"，在圆形中间拖动鼠标绘制一个五角星。

9）在五角星上单击鼠标右键，从弹出的快捷菜单中选择"设置自选图形格式"命令，在出现的"设置自选图形格式"对话框的"颜色与线条"选项卡中设置填充色为"红色"，将透明度设置为"48%"，将线条粗细设置为2磅，单击"确定"按钮。

10）按住 < Shift > 键选中艺术字、圆形及五角星，单击鼠标右键，在弹出的快捷菜单中选择"组合"命令，将它们组合为一个对象。

11）将文档保存到"桌面"上，命名为"图章"。

3.5.2 插入与编辑图片

在使用 Word 编辑文档时，有时需要插入一些图片，这不但能增强文档的可读性，还可以更加有效地表达出文档的内容。在 Word 2007 中可以插入多种格式保存的图片，包括从剪辑库中插入剪贴画、从其他程序或文件夹中插入图片、从移动存储介质插入图片以及扫描仪生成的图片。

1. 插入图片文件

1）将光标定位到要插入图片的位置，单击"插入"选项卡"插图"组中的"图片"按钮，打开如图 3-44 所示的"插入图片"对话框。

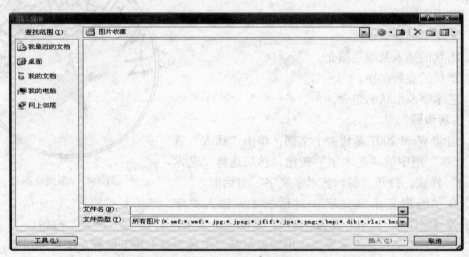

图 3-44 "插入图片"对话框

2）在对话框中选择需要插入的图片，单击"确定"按钮即可。

2. 插入剪贴画

1）将光标定位到要插入剪贴画的位置，单击"插入"选项卡"插图"组中的"剪贴画"按钮，在窗口右侧显示出"剪贴画"窗格。

2）在"搜索文字"文本框中输入要搜索的剪贴画的类型，如动物、人物等，也可不输入。在"搜索范围"下拉列表框中选择"Office 收藏集"，然后单击"搜索"按钮，在"结果类型"下拉列表框中显示搜索的结果，从中选择需要的剪贴画即可。

3. 设置图片格式

在文档中插入图片或剪贴画后，选中该图片，就可以对图片的格式进行设置。设置图片格式的方法有两种。

（1）使用"格式"选项卡　单击插入到文档中的图片或剪贴画，在功能区中会显示"格式"选项卡，如图 3-45 所示。在该选项卡中可以进行图片格式的设置。

图 3-45　图片工具"格式"选项卡

1）修改图片亮度，操作方法如下。

选中需要设置亮度的图片，单击图片工具"格式"选项卡"调整"组中的"亮度"按钮，在打开的列表中进行选择即可。

2）修改图片对比度，操作方法如下。

选中需要设置对比度的图片，单击图片工具"格式"选项卡"调整"组中的"对比度"按钮，在打开的列表中进行选择即可。

3）对图片重新着色，操作方法如下。

选中需要重新着色的图片，单击图片工具"格式"选项卡"调整"组中的"重新着色"按钮，在打开的列表中选择"灰度"、"褐色"、"冲蚀"或"黑白"可为选中的图片重新着色。

4）裁剪图片，操作方法如下。

选中需要裁剪的图片，单击图片工具"格式"选项卡"大小"组中的"裁剪"按钮，图片周围将会显示黑色边框，将鼠标置于黑色边框上单击鼠标左键向内拖动鼠标可对图片进行裁剪。

5）修改图片大小，操作方法如下。

选中需要修改大小的图片，直接在图片工具"格式"选项卡"大小"组中的"宽度"和"高度"数值框中输入具体数值即可。

若不需要设置图片的精确大小，还可以选中图片后，拖动图片四角的控制手柄来放大或缩小图片。

6）设置文字环绕方式，操作方法如下。

选中需要设置文字环绕的图片，单击图片工具"格式"选项卡"排列"组中的"文字环绕"按钮,在打开的列表中选中合适的环绕方式即可。

7)重新设置图片,操作方法如下。

若对图片的亮度、对比度进行了修改后觉得不是很满意,则可以使图片恢复到插入时的格式。选中图片,单击图片工具"格式"选项卡"调整"组中的"重设图片"按钮即可。

(2)使用"设置图片格式"对话框 右击需要调整格式的图片,从弹出的快捷菜单中选择"设置图片格式"命令,打开如图 3-46 所示的"设置图片格式"对话框。在对话框中可以设置图片的亮度、对比度及三维格式和阴影格式等。

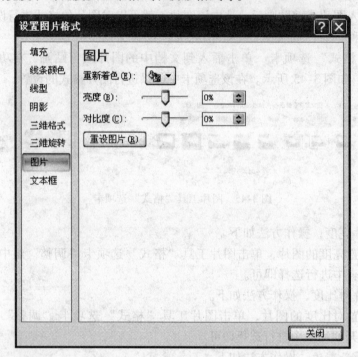

图 3-46 "设置图片格式"对话框

3.5.3 插入与编辑文本框

文本框是一种可以在其中独立进行文字的输入和编辑的图形框,在文档中适当地使用文本框,可以实现一些特殊的编辑功能,它就像一个盛放文字的容器,可以在页面上定位并调整,利用文本框还可以重排文字和向图形添加文字。

1. 插入文本框

在 Word 2007 中插入文本框的操作方法如下。

1)单击"插入"选项卡"文本"组中的"文本框"按钮。

2)在打开的列表框中的内置文本框列表中选择一种合适的文本框样式。

3)选中的文本框即被插入到文档中,直接输入文本内容即可。

4)若在内置文本框列表中没有适合的文本框样式,还可以单击"绘制文本框"命令,则可在文档中拖动鼠标来绘制文本框。

2. 编辑文本框

插入文本框后，还可以对文本框进行编辑，操作方法如下。

选定文本框后，右击鼠标在弹出的快捷菜单中单击"设置文本框格式"命令，弹出"设置文本框格式"对话框，如图 3-47 所示。其中，包含有"颜色和线条"、"大小"、"版式"、"图片"、"文本框"和"可选文字"选项卡，设置方法与前面图片的设置方法相同。

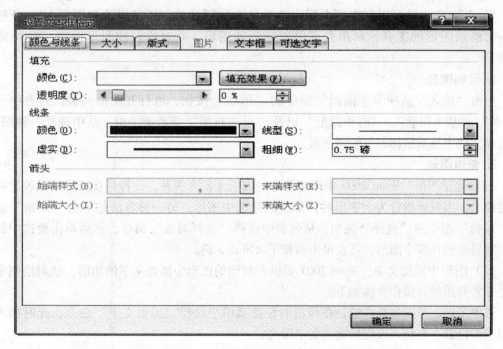

图 3-47 "设置文本框格式"对话框

3.5.4 插入与编辑艺术字

艺术字是具有艺术效果的文字，它可以使字体具有复合色彩，可带有阴影、倾斜、旋转和延伸，变成特殊的形状。在 Word 2007 中插入艺术字的操作方法如下。

1. 插入艺术字

在 Word 2007 中插入艺术字的操作方法如下。

1）单击"插入"选项卡"文本"组中的"艺术字"按钮，在出现的列表中选择一种合适的艺术字样式，打开"编辑艺术字文字"对话框。

2）在"编辑艺术字文字"对话框中输入要设置为艺术字的文本，然后分别设置字体和字号。

3）单击"确定"按钮，即可完成艺术字的添加。

2. 设置艺术字格式

艺术字插入文档后，窗口中自动显示"格式"选项卡，可以用来对艺术字的样式、阴影效果、三维效果等进行设置。

（1）编辑艺术字的文字　插入艺术字后，若想对艺术字文字进行修改，则可以在"格式"选项卡"文字"组中选择命令来对艺术字文字进行字体、字号、字符间距以及对齐方式等格式的设置。

（2）更改艺术字样式　选中艺术字后，在"格式"选项卡"艺术字样式"组中选择相应的命令，可以改变艺术字样式、艺术字填充颜色、形状轮廓和艺术字形状。

3.5.5　绘制与编辑图形

Word 2007 中除可以在文档中插入各种已有的图片外，还可以绘制图形，Word 提供了一套绘制图形的工具，利用它可以创建各种图形，并对绘制的图形设置一些特殊的效果。

1. 绘制图形

单击"插入"选项卡"插图"组中的"形状"按钮，可打开图形列表，列表中分为"线条"、"基本形状"、"箭头总汇"以及"星与旗帜"等若干个组，从中选择一种图形，然后在文档中拖动鼠标即可绘制图形。

2. 编辑图形

（1）选定图形　Word 2007 中选中图形的方法主要有两种，一种是直接将鼠标放置在图形对象上，当鼠标指针为十字形时，单击鼠标选中图形；另一种方法是单击"开始"选项卡"编辑"组中的"选择"按钮，从列表中选择"选择对象"命令，然后单击要选中的图形，如果要选择多个图形，可在单击时按下 < Shift > 键。

（2）图形中添加文字　Word 2007 提供在封闭的图形中添加文字的功能，这对绘制示意图是非常有用的，操作方法如下。

选中图形，单击鼠标右键，在弹出的快捷菜单中选择"编辑文字"命令，此时插入点移到图形内部，在插入点之后输入文字即可。

图形中添加的文字将与图形一起移动，同样可以用前面所讲方法对文字格式进行编辑和排版。

（3）设置图形样式　选中图形后，单击"格式"选项卡，在"形状样式"组中各个样式上移动鼠标，图形对象会随着鼠标的移动而显现不同的样式应用效果，如果对某个样式较为满意，则可在该样式上单击鼠标。

（4）设置图形填充颜色　选中图形后，单击"格式"选项卡，单击"形状样式"组中的"形状填充"按钮，在打开的下拉列表中选择合适的颜色即可实现对图形的颜色填充。

（5）设置图形阴影效果　选中图形后，单击"效果"选项卡，选择"阴影效果"组中的"阴影效果"按钮，在打开的下拉列表中选择一种阴影样式即可实现对图形的阴影效果设置。

还可以单击"阴影效果"组中的"设置/取消阴影"按钮 来设置阴影或取消阴影的设置，也可以通过连续单击"略向左移"按钮 、"略向右移"按钮 、"略向上移"按钮 或"略向下移"按钮 来微调阴影的移动位置。

（6）设置图形三维效果　选中图形后，单击"效果"选项卡，选择"三维效果"组中的"三维效果"按钮，在打开的下拉列表中选择一种三维效果，可实现对图形的三维效果设置。在下拉列表中还可以设置三维效果的颜色、深度、方向、照明和表面效果。

还可以单击"三维效果"组中的"设置/取消三维"按钮来设置阴影或取消三维的设置，也可以通过连续单击"左偏"按钮、"右偏"按钮、"上翘"按钮或"下俯"按钮来设置图形的偏转。

（7）设置图形文字环绕　选中要设置图形环绕的图形，单击"格式"选项卡"排列"组中的"文字环绕"按钮，在打开的列表中选择一种环绕方式即可。

（8）设置图形对齐方式　如果文档中绘制了多个图形，则可以将多个图形按照某种方式进行对齐。多个图形的对齐方式主要有顶端对齐、底端对齐、上下居中、右对齐、左对齐和左右居中。设置对齐的操作方法如下。

先将需要对齐的多个图形选中，然后单击"格式"选项卡"排列"组中的"对齐"按钮，在打开的列表中选择一种对齐方式即可。

（9）图形组合　当用许多简单的图形构成一个复杂的图形后，实际上每一个简单图形还是一个独立的对象，移动时可能由于操作不当而破坏刚刚构成的图形，这对移动整个图形来说将变得非常困难。为此，Word 2007 提供了将多个图形组合的功能，利用组合功能可以将许多简单图形组合成一整体的图形对象，以便图形的移动、旋转及大小的调整。实现图形组合的操作方法如下。

先将需要组合在一起的多个图形选中，单击"格式"选项卡"排列"组中的"组合"按钮，在打开的列表中选择组合命令即可。

（10）图形旋转　选中要设置旋转的图形，单击"格式"选项卡"排列"组中的"旋转"按钮，在打开的列表中选择一种旋转方式即可。

3. 插入 SmartArt 图形

Word 2007 与之前的版本不同，增加了 SmartArt 图形，用于演示流程、层次结构、循环或者关系。插入 SmartArt 图形的操作方法如下。

单击"插入"选项卡"插图"组中的"SmartArt"按钮，打开如图 3-48 所示的"选择 SmartArt 图形"对话框，该对话框列出了 Word 2007 提供的 80 多种不同类型的模板，有列表、流程、循环、层次结构、关系、矩阵和棱锥图共七大类。在某一类下选择一种 SmartArt 图，单击"确定"按钮，可在文档中插入一个 SmartArt 图。按照需求输入相应的文字和数据，可完成对 SmartArt 图的创建。

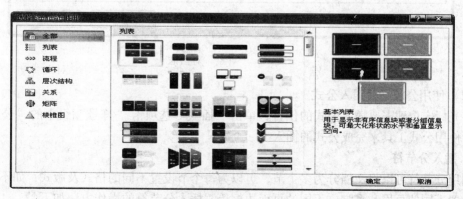

图 3-48　"选择 SmartArt 图形"对话框

3.6 Word 2007 其他操作

3.6.1 其他对象的插入

1. 插入公式

在进行科技文档的编辑时，经常要处理各种各样的公式，如简单的求和公式和复杂的矩阵运算公式等，这类公式中包含不能从键盘直接输入的字符。在 Word 2007 中可以使用公式编辑器来完成公式的输入，还可以直接在文档中使用公式工具来编辑公式。

（1）使用公式编辑器插入公式 将光标定位到需要插入公式的位置，单击"插入"选项卡"文本"组中的"对象"按钮，打开如图 3-49 所示的"对象"对话框，在对话框的"对象类型"列表中选择"Microsoft 公式 3.0"选项，单击"确定"按钮，打开公式编辑器，同时在文档中显示"公式"工具栏和公式编辑框。在公式编辑框中可以录入公式，公式录入结束后，单击公式编辑框外的任意位置即可退出公式编辑器并返回文本编辑状态。

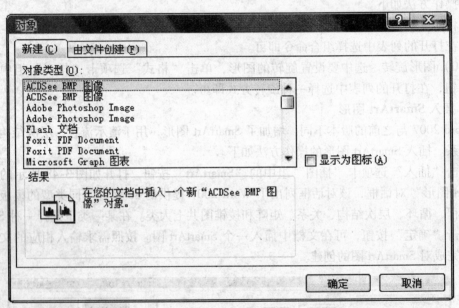

图 3-49 "对象"对话框

（2）使用公式工具插入公式

将光标定位到需要插入公式的位置，单击"插入"选项卡"符号"组中的"公式"按钮即可使用公式工具来完成公式的插入。

2. 插入分节符

利用分节符可以将文档分为多个节，可以为每个节设置不同的格式及版式，如不同的节可以设置不同的页眉和页脚、不同的页面边框等。插入分节符的操作方法如下。

将光标定位于需要插入分节符的位置，单击"页面布局"选项卡"页面设置"组中的

"分隔符"按钮,在出现的列表中选择"分节符"组中的某种分节符类型即可插入一个分节符。

3. 插入页眉和页脚

页眉和页脚是文档中每个页面的顶部和底部的区域。可以在页眉和页脚中插入或更改文本或图形。为页面设置页眉和页脚的操作方法如下。

单击"插入"选项卡"页眉和页脚"组中的"页眉"按钮,在出现的列表中选择一种页眉样式,单击鼠标,即可在文档的页眉处输入页眉信息。

单击"插入"选项卡"页眉和页脚"组中的"页脚"按钮,在出现的列表中选择一种页脚样式,单击鼠标,即可在文档的页脚处输入页脚信息。

4. 插入空白页

使用 Word 2007 插入空白页功能,可以在光标所在位置插入一个空白页,光标后的所有文档将位于空白页的下一页。插入空白页的操作方法如下。

将光标置于要插入空白页的位置,单击"插入"选项卡"页"组中的"空白页"按钮,则可插入一空白页。使光标前的文本位于空白页前一页,而光标后的文本位于空白页后一页。

5. 插入分页

若需要将光标后的文本于下一页显示,则可在光标位置插入分页,操作方法如下。

将光标置于要插入页的位置,单击"插入"选项卡"页"组中的"分页"按钮,则可插入新的一页,并使光标后的文本显示于该页。

6. 插入封面

通过使用插入封面功能,可以为文档插入风格各异的封面。无论插入点在何位置,插入的封面总是位于文档的第一页。插入封面的操作方法如下。

单击"插入"选项卡"页"组中的"封面"按钮,在出现的列表中选择一种封面样式,单击鼠标即可为文档插入封面。

如果对插入的封面不满意,可以再次单击"插入"选项卡"页"组中的"封面"按钮,在出现的列表中选择"删除当前封面"命令即可。

3.6.2　其他中文版式

1. 首字下沉

所谓首字下沉就是将一段文本的第一个字放大指定的倍数,使文章醒目以吸引读者的注意力。在报刊、杂志上经常会用到这种排版方式。设置段落首字下沉的操作方法如下。

将光标置于设置首字下沉的段落,单击"插入"选项卡"文本"组中的"首字下沉"按钮,在出现的列表中选择一种下沉效果即可。如果单击列表中的首字下沉选项命令,则可打开如图 3-50 所示的"首字下沉"对话框。在对话框的"位置"组中有"无"、"下沉"和"悬挂"3 种格式可供选择;在对话框的"选项"组中可以设置首字的字体,输入下沉行数和距其后面正文的距离,设置好后单击"确定"按钮。

2. 分栏排版

分栏就是将版面分为多个垂直的窄条,使得版面显得更为生动、活泼,增强可读性。实际上到目前为止,介绍的都是只有一栏的版面,这一栏占据一页的宽度。实现分栏的操作步骤如下。

选中需要设置分栏的文本内容，如果没有选中特定的文本，则将为整篇文档或当前节设置分栏。单击"页面布局"选项卡"页面设置"组中的"分栏"按钮，在打开的下拉列表中选择更多分栏命令，打开如图 3-51 所示的"分栏"对话框。在"分栏"对话框"预设"组中选择分栏格式；在"列数"微调框中输入分栏数；在"宽度和间距"组中设置栏宽和间距，如果选择"栏宽相等"复选框，则各栏宽相等，否则可逐栏设置宽度；如果选择"分隔线"复选框，可以在各栏之间加一条分隔线，最后单击"确定"按钮则可为选定的文本实现分栏操作。

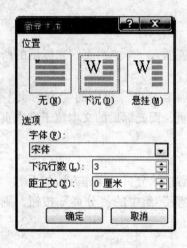

图 3-50 "首字下沉"对话框 　　　图 3-51 "分栏"对话框

3. 设置页面水印

水印指在页面中文字后面的虚影文字或虚影图片，通常表示该文档具有某些特殊的意义，或需要做特殊的处理。设置水印的操作方法如下。

单击"页面布局"选项卡"页面背景"组中的"水印"按钮，在打开的下拉列表中选择一种水印样式可为文档添加水印效果。

若要设置其他样式的水印，则可以在列表中单击自定义水印命令，打开如图 3-52 所示的"水印"对话框。在对话框中可以选择图片水印或者文字水印。

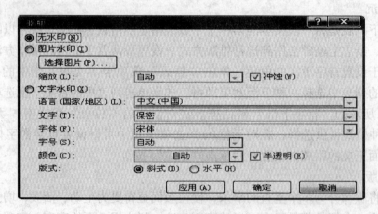

图 3-52 "水印"对话框

3.6.3 打印

打印通常是文档处理的最后一步，打印出的文档可以用来校对或正式使用。Word 2007 具有强大的打印功能，在打印前可以在屏幕上预览，看到打印的实际效果。打印时，除打印文档外，还可以打印文档的一些属性信息。

1. 打印预览

进行打印预览的操作可单击"Office 按钮"图标，在打开的菜单中选择"打印"子菜单下的"打印预览"命令，即可进入打印预览状态，在该状态下可以使用选项卡上的按钮查看文档的打印设置或在打印前进行相应的调整，此外还可以设置显示比例等。通过"打印预览"命令查看满意后，就可以打印，打印前最好先保存文档，以免意外丢失。若要退出打印预览状态，可单击"关闭打印预览"命令。

2. 设置页面属性

页面属性设置主要包括页边距、纸张方向以及纸张大小等几个方面。这些操作可以在创建文档时先进行设置，也可以在文档编辑完毕后再进行设置。

（1）设置页边距　页边距是指文档内容与页面边缘之间的距离。调整页边距的操作方法如下。

单击"页面布局"选项卡中"页面设置"组中的"页边距"按钮，在弹出的列表中选择即可。若单击列表中的"自定义边距"命令，则可打开如图 3-53 所示的"页面设置"对话框，在对话框中也可以设置页边距的具体值。

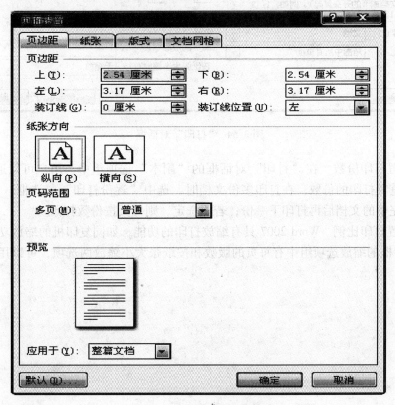

图 3-53　"页面设置"对话框

（2）设置纸张　Word 2007 中预设了各种常用纸张的型号，如 A4、B5 和 16 开等。设置纸张的类型可以单击"页面布局"选项卡中"页面设置"组中的"纸张大小"按钮，在弹出的下拉列表中进行选择即可。如果打印机采用其他规格纸张，则可在列表中单击"其他页面大小"命令，打开"页面设置"对话框，在"纸张"选项卡中设置即可。

3. 打印设置

Word 2007 提供了许多灵活的打印功能，可以打印一份或多份文档，也可以打印文档的某一页或几页。

（1）设置打印范围　单击"Office 按钮"图标，在打开的菜单中选择"打印"子菜单下的"打印"命令，打开如图 3-54 所示的"打印"对话框。在"打印"对话框的"页面范围"选项组中有全部、当前页和页码范围 3 个选项，可以用来设置打印的范围。

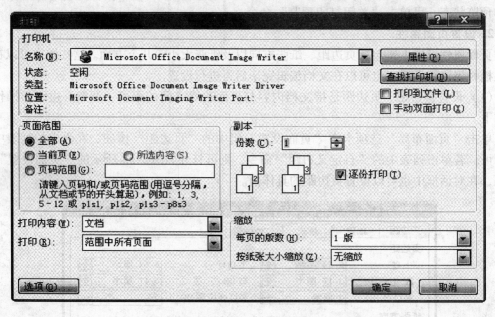

图 3-54　"打印"对话框

（2）设置打印份数　在"打印"对话框的"副本"选项组中，用户可以通过"份数"数值框设置重复打印的份数。在打印多份文档时，选中"逐份打印"复选框，可以让 Word 打印完一份完整的文档后再打印下一份；若不选定，则每页按份数打印。

（3）设置打印比例　Word 2007 具有缩放打印的功能，如同复印机的缩放功能一样。在"打印"对话框的缩放选项组中有每页的版数和按纸张大小缩放两选项，可以用来对缩放打印进行设置。

第4章 电子表格软件 Excel 2007

4.1 Excel 2007 简介

电子表格软件 Excel 2007 是 Office 2007 套装软件中的成员之一。Excel 2007 以直观的表格形式供用户编辑操作。用户只要通过简单的操作就能快速制作出一张精美的表格，并能以多种形式的图表方式来表现数据表格，它还能对数据表进行诸如计算、排序、检索和分类汇总等数据库操作。因此，Excel 2007 被广泛应用在财会管理、税收、经济分析和成绩分析等多个领域。

4.1.1 实训案例

启动 Excel 2007 新建一个 Excel 工作簿，在快速访问工具栏中增加"新建"、"打开"、"快速打印"和"更多"命令，如图 4-1 所示。

1. 案例分析

本案例主要涉及的知识点如下。

1）启动 Excel 2007。

2）使用快速访问工具栏。

3）自定义快速访问工具栏。

4）退出 Excel 2007。

2. 实现步骤

1）单击"开始"菜单，选择"所有程序"菜单中的"Microsoft Office"下的"Microsoft Office Excel 2007"命令启动 Excel 2007。

2）单击快速访问工具栏右侧的下拉按钮打开下拉列表。

3）在出现的下拉列表中选择"新建"命令。

4）重复步骤2），在出现的下拉列表中选择"打开"命令。

5）重复步骤2），在出现的下拉列表中选择

图 4-1 修改后的快速访问工具栏

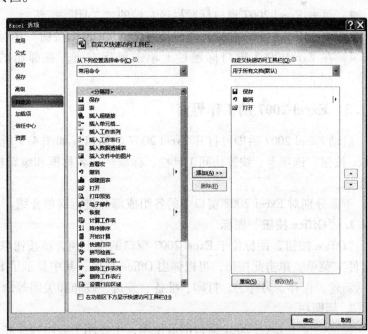

图 4-2 "Excel 选项"对话框

"快速打印"命令。

6）重复步骤2），在出现的下拉列表中选择"其他命令"命令，打开"Excel 选项"对话框，如图4-2所示。

7）单击"常用命令"后面的下拉按钮，在出现的下拉列表中选择"所有命令"显示所有可能添加到自定义快速访问工具栏的命令。

8）在列表框中选择"更多"命令，单击"添加"按钮将其添加到自定义快速访问工具栏的下拉列表框中，然后单击"确定"按钮。

9）单击窗口右上角的"关闭"按钮，退出 Excel 2007。

4.1.2　Excel 2007 的启动和退出

1. 启动 Excel 2007

方法1：利用"开始"菜单启动 Excel 2007。

单击"开始"按钮，鼠标指针移到"所有程序"菜单处，在"所有程序"菜单中单击"Microsoft Office"项，再单击子菜单"Microsoft Office Excel 2007"项即可启动 Excel 2007。

方法2：利用快捷方式图标。

若"桌面"上有 Excel 快捷方式图标，双击也可启动 Excel 2007。

方法3：通过 Excel 2007 文件启动。

双击文件扩展名为 .xlsx 的文件即可启动 Excel 2007 并打开该文件。

2. 退出 Excel 2007

下列4种方法均可退出 Excel 2007。

1）单击 Excel 2007 窗口标题栏最左端的"Office 按钮"图标，然后单击"退出 Excel"按钮。

2）单击 Excel 2007 窗口标题栏最右端的"关闭"按钮。

3）双击 Excel 2007 窗口标题栏最左端的"Office 按钮"图标。

4）在 Excel 2007 窗口标题栏上单击鼠标右键，在弹出的快捷菜单中单击"关闭"命令。

4.1.3　Excel 2007 的工作界面

启动 Excel 2007 后即可打开 Excel 2007 的窗口，如图4-3所示。Excel 2007 窗口主要由 Office 按钮、选项卡、快速访问工具栏、标题栏、名称框和编辑栏、工作表区和状态栏等部分组成。

下面分别对 Excel 2007 窗口中的各组成部分进行简单介绍。

1. "Office 按钮"图标

"Office 按钮"图标位于 Excel 2007 窗口的左上角，该按钮取代了旧版本 Office 程序中的"文件"菜单。单击此按钮，可以弹出 Office 菜单，其中显示了 Excel 2007 的一些基本功能，包括新建、保存、另存为、打印、准备、发送、发布和关闭等命令。

2. 标题栏

标题栏位于 Excel 2007 窗口的最顶端，主要用于显示程序名及文件名。在标题栏最右端有一组窗口控制按钮。单击最小化按钮可使 Excel 2007 窗口缩小成 Windows 任务栏中的一个

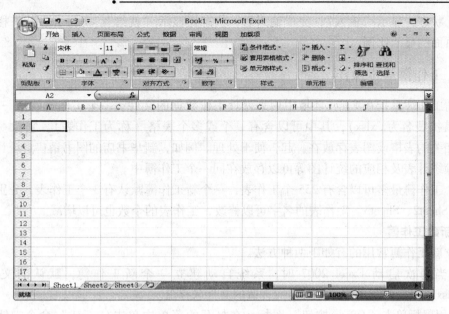

图 4-3　Excel 2007 的工作界面

任务按钮；单击最大化按钮可使 Excel 2007 窗口最大化成整个屏幕，此时最大化按钮改变为还原按钮；单击还原按钮使 Excel 2007 窗口恢复到原来窗口大小，此时，还原按钮又改变为最大化按钮；单击关闭按钮，如果同时打开多个文件，则关闭当前的文档窗口，否则就关闭Excel 2007 窗口，退出 Excel 2007 程序。

3. 快速访问工具栏

快速访问工具栏是一个可自定义的工具栏，包含了一组独立于当前所显示的选项卡的命令，这使得用户在操作时不需要切换选项卡，直接到快速访问工具栏中找已添加的命令来完成操作即可。默认情况下，快速访问工具栏上只有保存、撤销和恢复 3 个按钮。可根据需要灵活地往快速访问工具栏中添加或删除一些常用的命令，方法是单击快速访问工具栏右侧的"自定义快速访问工具栏"按钮，在弹出的菜单中单击需要的命令即可进行该命令的添加。

4. 选项卡

选项卡是用户界面的一个按任务分组命令的组件，显示的是一些使用频率最高的命令。在 Excel 2007 的选项卡中，主要包括"开始"、"插入"、"页面布局"、"公式"、"数据"、"审阅"、"视图"和"加载项"8 个部分。

5. 名称框和数据编辑区

名称框显示的是当前单元格（或区域）的地址或名称。数据编辑区用来输入或编辑当前单元格的值或公式，其左边有"√"、"×"和"f_x"按钮，用于对输入数据的确认、取消和编辑函数。

6. 工作表区

工作表区主要由行号、列标和工作表标签组成，可以在工作表的单元格中输入不同的数据类型，是最直观显示所有输入内容的区域。

7. 状态栏

状态栏位于窗口的底部，用于显示当前命令或操作的有关信息。例如，在为单元格输入数据时，状态栏显示"输入"，完成输入后，状态栏显示"就绪"。另外，在状态栏上还可以调整页面的显示比例。

4.1.4 工作簿基本操作

所谓工作簿是指在 Excel 环境中用来处理工作数据的文件。一个工作簿就是一个 Excel文件（其扩展名为 .xlsx），其中可以含有一个或多个表格（称为工作表）。它像一个文件夹，把相关的表格或图表存放在一起，便于处理。例如，新华书店的图书销售量统计表、图书销售额统计表及相应的统计图等可以存放在同一个工作簿中。

一个工作簿最多可以含有 255 个工作表，一个新工作簿默认有 3 个工作表，分别命名为Sheet1、Sheet2、Sheet3。工作表的名字可以修改，工作表的个数也可以增减。

1. 新建工作簿

建立新工作簿常用的有如下两种方法。

1）当每次启动 Excel 2007 时，系统自动建立一个新工作簿，默认的文件名为Book1.xlsx。用户保存工作簿时可换成合适的文件名存盘。

2）用鼠标单击"Office 按钮"图标，在打开的菜单中单击"新建"命令，然后选择"空工作簿"，也可创建一个新的工作簿。

2. 打开工作簿

要打开已经存在的 Excel 文件，可以单击"Office 按钮"图标，在打开的菜单中单击"打开"命令，这时出现"打开"对话框，在"查找范围"栏中确定工作簿文件所在的文件夹，并单击要打开的工作簿文件，然后单击"确定"按钮，就可以打开一个工作簿。

另外，还可以单击快速访问工具栏上的"打开"按钮，也可打开"打开"对话框，同样也可以打开一个工作簿。

3. 保存工作簿

建立工作簿文件并编辑后，需要将其保存在磁盘上。常用的保存方法有以下两种。

1）单击"Office 按钮"图标，在打开的菜单中单击"保存"命令，若工作簿文件是新建的，则出现"另存为"对话框，其形式与 Word 中的"另存为"对话框类似。若工作簿文件不是新建的，则按原来的路径和文件名存盘，不会出现"另存为"对话框。

2）单击快速访问工具栏上的"保存"按钮，若工作簿文件是新建的，则出现"另存为"对话框，操作方法同上。否则自动按原来的路径和文件名存盘。

4.2 工作表的建立与编辑

4.2.1 实训案例

创建一个计算机动画技术的成绩单，如图 4-4 所示。

1. 案例分析

本案例主要涉及的知识点如下。

1）Excel 2007 的启动。

2）工作簿的新建。

3）单元格的选定及数据的输入。

4）数据的自动填充。

5）工作簿的保存。

2. 实现步骤

1）单击"开始"按钮，鼠标指针移到"所有程序"菜单处，在"所有程序"菜单中单击"Microsoft Office"项，再单击子菜单"Microsoft Office Excel 2007"项即可启动 Excel 2007。

2）在 A1 到 E1 单元格分别输入"学号"、"姓名"、"考试成绩"、"实验成绩"和"总成绩"。

学号	姓名	性别	考试成绩	实验成绩	总成绩
991001	李新	男	74	81	
991002	王文辉	男	87	90	
991003	张珏	男	65	92	
991004	郝心怡	女	86	88	
991005	王力	男	92	80	
991006	孙英	女	78	78	
991007	张在旭	男	50	68	
991008	金翔	男	72	96	
991009	杨海东	男	91	98	
991010	黄立	女	85	99	
991011	王春晓	女	78	82	
991012	陈松	男	69	72	
991013	姚林	男	89	69	
991014	张雨涵	女			
991015	钱民	男	66	78	
991016	高晓东	男	74	76	
991017	张平	女	81	82	
991018	李英	女	60	98	
991019	黄红	女	68	98	
991020	王林	男	69	68	

图 4-4　计算机动画技术成绩单

3）在 A2 单元格中输入′0940201，选中 A2 单元格，拖动填充柄到 A21 单元格松开鼠标。

4）在 B2 单元格到 B21 单元格输入每个学生的姓名；在 C2 到 C21 单元格输入每个学生的考试成绩；在 D2 到 D21 单元格中输入每个学生的实验成绩。

5）单击快速访问工具栏上的"保存"按钮，在保存位置中选择"桌面"，保存的文件名为"成绩单"。

4.2.2　输入数据

1. 输入数据的方法

Excel 2007 提供了在单元格中或编辑栏中输入数据的方法。输入数据的操作方法如下。

1）单击目标单元格，使之成为当前单元格，在单元格中输入或修改数据，完成输入后按 < Enter > 键即可。

2）单击目标单元格，使之成为当前单元格，然后单击数据编辑区，在数据编辑区中输入数据，编辑栏的左边会出现"×"和"√"按钮。其中，"×"按钮的功能是取消刚输入的数据，"√"按钮的功能是确认输入的数据并存入当前单元格。

2. 输入文本

文本包括汉字、英文字母、数字、符号及其组合。每一个单元格中最多可输入 32767 个字符，单元格中只能显示 1024 个字符，而编辑栏中可以显示全部 32767 个字符。

如果要在单元格中输入硬回车，可按 < Alt + Enter > 键。

若将一个数字作为一个文本，如电话号码、产品代码等，输入时应在数字前加上一个单引号，或将数字用双引号括起来，前面加一个"="。例如，将 123456 作为文本处理，可输入"′123456"，也可输入" = "123456""。

在单元格中输入文本后，文本会在单元格中自动左对齐。

3. 输入数值

当输入数值时，默认形式为常规表示法，如 34，102. 56 等。当长度超过单元格宽度时自动转换成科学计数法表示，如在单元格 D3 中输入"123456789123"，则显示为"1. 23457E + 11"。数值在单元格中自动右对齐。

输入数值时可出现数字 0，1，…，9 和 +，−，（），E，e，%，$。例如，+10，−1.23，1,234，1.23E−2，$134，30%，（123）等。其中 1,234 中的逗号"，"表示分节号，30% 表示 0.3，（123）表示 −123。输入分数数据，必须在分数前加 0 和空格。例如，在单元格 E3 中输入"0 2/3"，则显示"2/3"。如果直接输入"2/3"，则显示"2 月 3 日"。

4. 输入日期和时间

若输入的数据符合日期或时间的格式，则 Excel 将以日期或时间存储数据。

（1）输入日期　用户可以用如下形式输入日期（以 2009 年 10 月 1 日为例）。

09/10/1 或 2009/10/01；2009-10-1；01-OCT-09；1/OCT/09

（2）输入时间　用户可按如下形式输入时间（以 19 点 15 分为例）。

19：15；7：15PM；19 时 15 分；下午 7 时 15 分

PM 或 P 表示下午，AM 或 A 代表上午。

（3）日期与时间组合输入　例如，2009-10-01 19:15，输入时请在日期与时间之间用空格分隔。

4.2.3　自动填充数据

对于相邻单元格中要输入相同数据或按某种规律变化的数据时，可以用 Excel 的智能填充功能实现快速输入。在当前单元格的右下角有一小黑块，称为填充句柄。

（1）填充相同数据　对时间和日期数据，按住 <Ctrl> 键拖动当前单元格填充句柄，所经之处均填充该单元格的内容。对字符串或纯数值数据应直接拖动填充句柄。

在当前单元格 A5 中输入"训练基地"，鼠标指针移到填充句柄，此时，指针呈"**+**"状，拖动它向右直到 E5，松开鼠标键。从 B5 直到 E5 均填充了"训练基地"，如图 4-5 所示。

	A	B	C	D	E
1					
2					
3					
4					
5	训练基地	训练基地	训练基地	训练基地	训练基地
6					
7	一月	二月	三月	四月	五月

图 4-5　数据输入示例

（2）填充已定义的序列数据　在单元格 A7 输入"一月"，拖动填充句柄向右直到单元格 E7，松开鼠标键，则自 A7 起，依次是"一月"，"二月"，…，"五月"，如图 4-5 所示。

（3）自定义序列　用户可以添加一个新的自动填充序列，操作方法如下。

单击"Office 按钮"图标，然后单击"Excel 选项"按钮，打开"Excel 选项"对话框。单击左侧的"常用"项，然后在右侧单击"编辑自定义列表"按钮，打开"自定义序列"对话框。在"自定义序列"对话框中的"输入序列"列表框中输入要创建的自动填充序列，然后单击"添加"按钮，则新的自定义序列就出现在左侧"自定义序列"列表中，单击"确定"按钮，关闭对话框。

4.2.4 查找和替换

查找与替换是编辑处理过程中经常执行的操作，在 Excel 中除了可查找和替换文字外，还可查找和替换公式和批注。执行查找的操作步骤如下。

单击"开始"选项卡"编辑"组中的"查找和选择"按钮，在出现的下拉列表中选择"查找"命令，打开如图 4-6 所示的"查找和替换"对话框。在"查找内容"下拉列表框中输入要查找的文本，然后设置"搜索方式"和"搜索范围"，然后单击"查找下一个"按钮即可开始查找工作。当找到匹配的内容后，单元格指针就会指向该单元格。如果要进行替换操作，可在"查找和替换"对话框中单击"替换"选项卡，在"替换为"文本框中输入要替换的内容，单击"替换"按钮来进行替换操作。如果不想替换找到的文本，可单击"查找下一个"按钮，如果需要将所有找到的文本都替换为新的文本，则可单击"全部替换"按钮。

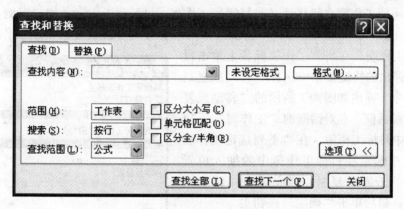

图 4-6 "查找和替换"对话框

若想进行其他内容的查找，可在单击"开始"选项卡"编辑"组中的"查找和选择"按钮时从出现的下拉列表中选择"公式"或"批注"等，则可进行公式或批注的查找。

4.2.5 工作表的编辑

新建立的工作簿默认有 3 个工作表。可以选择对某个工作表进行重命名、复制、移动、隐藏和分割等操作。

1. 选定工作表

在编辑工作表前，必须先选定它，使之成为当前工作表。选定工作表的方法是：单击目标工作表标签，则该工作表成为当前工作表，其名字以白底显示。若目标工作表未显示在工作表标签行，可以通过单击工作表标签滚动按钮，使目标工作表标签出现并单击它。

有时需要同时对多个工作表进行操作，如删除多个工作表等，这就需要选定多个工作表，操作方法如下。

（1）选定多个相邻的工作表 单击这几个工作表中的第一个工作表标签，然后，按住 <Shift> 键并单击这几个工作表中的最后一个工作表标签。此时这几个工作表标签均以白底显示，工作簿标题出现"［工作组］"字样。

（2）选定多个不相邻的工作表 按住 <Ctrl> 键并单击每一个要选定的工作表标签。

2. 工作表重命名

为了直观表达工作表的内容，往往不采用默认的工作表名 Sheet1、Sheet2 和 Sheet3，而重新给工作表命名。为工作表重命名的方法是：双击要重命名的工作表标签，然后进行修改或输入新的名字。

3. 工作表的移动和复制

在实际工作中，有时会遇到十分相似的两张表格，它们只有很少不同点。若已经制作好其中的一张表格，则另一张表格可用复制表格，适当编辑个别不同点的方法来完成，以提高效率。有时，工作表在工作簿中的次序可能需要调整，有的工作表可能归类到另一工作簿，这就要移动和复制工作表，具体操作方法如下。

（1）在同一工作簿中移动（或复制）工作表　单击要移动（或复制）的工作表标签，沿着标签行拖动（或按住 <Ctrl> 键拖动）工作表标签到目标位置。

（2）在不同工作簿之间移动（或复制）工作表　打开源工作簿（如"案例 1. xlsx"）和目标工作簿（如"Book1. xlsx"），单击源工作簿中要移动（或要复制）的工作表标签，使之成为当前工作表。在当前工作表标签上单击鼠标右键，从弹出的快捷菜单中选择"移动或复制工作表"命令，弹出如图 4-7 所示的"移动或复制工作表"对话框。在对话框的"工作簿"下拉列表框中选中目标工作簿，在"下列选定工作表之前"列表中选定在目标工作簿中的插入位置（如 Sheet1）。若需要复制，则应选中"建立副本"复选框，最后单击"确定"按钮。

图 4-7　"移动或复制工作表"对话框

按上述步骤可把"案例 1. xlsx"中的工作表 Sheet3 移动（或复制）到"Book1. xlsx"中的 Sheet1 之前。为了与原工作表 Sheet3 相区别，刚移来的 Sheet3 变成 Sheet3（2）。

4. 插入工作表

一个工作簿默认有 3 个工作表，有时不够用，可用如下方法插入新工作表。

1）单击某工作表标签（如 Sheet3），新工作表将插在该工作表之前。

2）在工作表标签上单击鼠标右键，从弹出的快捷菜单中选择"插入"命令，然后选择"工作表"即可。

新插入的 Sheet4 出现在 Sheet3 之前，且成为当前工作表。若要同时插入多个工作表，可选中多个工作表，然后执行上面的操作。

5. 删除工作表

1）单击要删除的工作表标签，使之成为当前工作表。

2）在工作表标签上单击鼠标右键，从弹出的快捷菜单中选择"删除"命令。

6. 工作表的分割

对于较大的表格，由于屏幕大小的限制，看不到全部单元格。若要在同一屏幕查看相距甚远的两个区域的单元格，则可以对工作表进行横向或纵向分割，以便查看或编辑同一工作表不同部分的单元格。

在工作簿窗口的垂直滚动条的上方有"水平分割条"（如图 4-3 所示），当鼠标指针移到此处时，呈上下双箭头状；在水平滚动条的右端有"垂直分割条"，当鼠标指针移到此处时，呈左右双箭头状。

（1）水平分割工作表　鼠标指针移到"水平分割条"，上下拖动"水平分割条"到合适位置，则把原工作簿窗口分成上下两个窗口。每个窗口有各自的滚动条，通过移动滚动条，两个窗口在"行"的方向可以显示同一工作表的不同部分。

（2）垂直分割工作表　鼠标指针移到"垂直分割条"，左右拖动"垂直分割条"到合适位置，则把原工作簿窗口分成左右两个窗口。两个窗口在"列"的方向可以显示同一工作表的不同部分。

4.3　工作表的格式化

工作表的内容固然重要，但工作表肯定要供别人浏览，其外观修饰也不可忽视。Excel 提供了丰富的格式化命令，能解决数字如何显示、文本如何对齐、字形字体的设置以及边框、颜色的设置等格式化问题。

4.3.1　实训案例

在 4.2 节案例的基础上，给成绩单添加标题、考试成绩和实验成绩所占的百分比等信息。设置标题的字体、字号和对齐方式，给表格添加边框线。给小于 60 分的单元格设置背景图案，最后结果如图 4-8 所示。

	A	B	C	D	E	F
1	计算机动画技术成绩单					
2			考试:	80%	实验:	20%
3	学号	姓名	性别	考试成绩	实验成绩	总成绩
4	991001	李新	男	74	81	75
5	991002	王文辉	男	87	90	88
6	991003	张磊	男	65	92	70
7	991004	郝心怡	女	86	88	86
8	991005	王力	男	92	80	90
9	991006	孙英	女	78	78	78
10	991007	张在旭	男	50	68	54
11	991008	金翔	男	72	96	77
12	991009	杨海东	男	91	98	92
13	991010	黄立	女	85	99	88
14	991011	王春晓	女	78	82	79
15	991012	陈松	男	69	72	70
16	991013	姚林	男	89	69	85
17	991014	张雨涵	女			0
18	991015	钱民	男	66	78	68
19	991016	高晓东	男	74	76	74
20	991017	张平	女	81	82	81
21	991018	李英	女	60	98	68
22	991019	黄红	女	68	98	74
23	991020	王林	男	69	68	69
24						
25						
26						
27	成绩分析					
28	应考人数	实考人数	缺考人数	0-59	60-79	80-100
29						
30	各分数段占百分比:					
31	平均分:		最高分:		最低分:	

图 4-8　格式化后的成绩单

1. 案例分析

本案例主要涉及的知识点如下。

1）行的插入。

2）合并单元格。

3）设置字体格式。

4）设置单元格边框。

5）设置条件格式。

2. 实现步骤

1）打开"桌面"上的"成绩单"工作簿，选中前两行，单击鼠标右键，在快捷菜单中选择"插入"命令，在选中行的上方插入两行。

2）在 A1 单元格输入"计算机动画技术成绩单"，选中 A1 至 F1 这 6 个单元格，单击"开始"选项卡"对齐方式"组中的"合并后居中"按钮；然后在"开始"选项卡"字体"组中设置字体为"黑体"、字号为"20"。

3）在 C2、D2、E2 和 F2 单元格中分别输入"考试:"、"0.8"、"实验:"和"0.2"。

4）选中 D2 和 F2 单元格，单击鼠标右键，单击"设置单元格格式"命令，打开"单元格格式"对话框，选择"数字"选项卡，选中"分类"列表中的百分比。

5）在 A27 单元格中输入"成绩分析"，合并 A27 至 F27 单元格，同时使文本居中对齐。

6）在 A28 至 F28 单元格中分别输入"应考人数"、"实考人数"、"缺考人数"、"0-59"、"60-79"和"80-100"，在 A30 单元格输入"各分数段占百分比"，合并 A30 至 C30 单元格。

7）在 A31、C31 和 E31 单元格分别输入"平均分:"、"最高分:"和"最低分:"。

8）选中 A3 至 F23 单元格，单击鼠标右键，单击"设置单元格格式"命令，打开"单元格格式"对话框，选择"边框"选项卡，设置"线条样式"为双线，单击"外边框"按钮，设置"线条样式"为单线，单击"内部"按钮，然后单击"确定"按钮。

9）选中 A27 至 F31 单元格，仍然设置"外边框"为双线，"内部"为单线。

10）选中 D4 至 F23 单元，单击"开始"选项卡"样式"组中的"条件格式"按钮，在出现的列表中选择"突出显示单元格规则"命令，然后单击"小于"命令，打开"小于"对话框，在第一个文本框中输入"60"，在后面的下拉列表框中选择"浅红色填充"，单击"确定"按钮。

4.3.2 设置单元格格式

若单元格从未输入过数据，则该单元格为常规格式，输入数据时，Excel 会自动判断数据并格式化。例如，输入"￥1234"，系统会格式化为"￥1,234"；输入"2/5"，会格式化为"2 月 5 日"：若输入"0□2/5"（□表示空格），则显示分数"2/5"。

1. 设置数值格式

选定要格式化的单元格区域，单击鼠标右键，在弹出的快捷菜单中单击"设置单元格格式"命令，打开如图 4-9 所示的"设置单元格格式"对话框。

在该对话框"数字"标签的"分类"列表框中单击数值类型，可以设置单元格中数值的表示形式。可以设置小数位数（如 1）及负数显示的形式（如 -1234，(1234) 或用红色表示的 1234 等)，同时可以在"示例"栏中看到该格式显示的实际情况。

2. 日期时间格式化

在单元格中可以用各种格式显示日期或时间。例如，当前单元格中的"2009 年 7 月 1 日"也可以显示为"二〇〇九年七月一日"，改变日期或时间显示格式的操作方法如下。

1) 选定要设置日期时间格式的单元格区域，单击鼠标右键，在弹出的快捷菜单中单击"设置单元格格式"命令，打开如图 4-9 所示的"设置单元格格式"对话框。

2) 在"数字"标签的"分类"列表框中单击"日期"("时间")项。

3) 在右侧"类型"栏中选择一种日期(时间)格式，如"二〇〇九年七月一日"。

4) 单击"确定"按钮。

同样的方法能使单元格中的"13：20"变成"下午一时二十分"。

3. 将数字格式转化为文本格式

Excel 软件可以将单元格中的内容由数字格式转化为文本格式，操作方法如下。

1) 选定要转换格式的单元格区域，单击鼠标右键，在弹出的快捷菜单中单击"设置单元格格式"命令，打开如图 4-9 所示的"设置单元格格式"对话框。

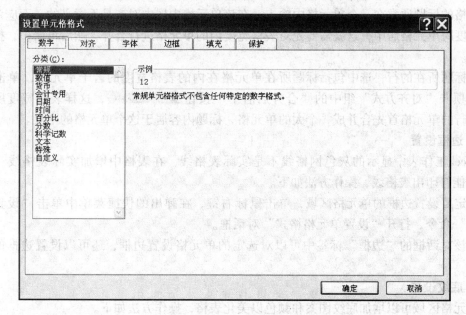

图 4-9 "设置单元格格式"对话框

2) 单击对话框的"数字"标签，选择"分类"列表框中的"文本"选项。

3) 单击"确定"按钮。

4. 将数字格式转化为邮政编码格式

Excel 软件可以将单元格中的内容由数字格式转化为邮政编码格式，操作方法如下。

1) 选定要转换格式的单元格区域，单击鼠标右键，在弹出的快捷菜单中单击"设置单元格格式"命令，打开"设置单元格格式"对话框。

2) 单击对话框的"数字"标签，选择"分类"列表框中的"特殊"选项，在右边的类型列表中选择"邮政编码"格式。

3）单击"确定"按钮。

5. 将数字格式转化为中文数字格式

Excel 软件可以将单元格中的内容由数字格式转化为中文数字格式，操作方法如下。

1）选定要转换格式的单元格区域，单击鼠标右键，在弹出的快捷菜单中单击"设置单元格格式"命令，打开"设置单元格格式"对话框。

2）单击对话框的"数字"标签，选择"分类"列表框中的"特殊"选项，在右边的类型列表中选择"中文小写数字"或"中文大写数字"格式。

3）单击"确定"按钮。

6. 设置单元格数据对齐方式

选定要设置对齐方式的单元格区域，单击鼠标右键，在弹出的快捷菜单中单击"设置单元格格式"命令，打开"设置单元格格式"对话框。

在该对话框的"对齐"标签中可以设置单元格中数据的水平对齐方式和垂直对齐方式，还可以设置多个单元格的合并，在"方向"选项中还可以设置文本按照某种角度来显示。

7. 标题居中

表格的标题通常在一个单元格中输入，在该单元格中居中对齐是无意义的，而应该按表格的宽度跨单元格居中，这就需要先对表格宽度内的单元格进行合并，然后再居中，操作方法如下。

在标题所在的行，选中包括标题所在单元格在内的表格宽度的若干单元格，单击"开始"选项卡"对齐方式"组中的"合并后居中"按钮 国 合并后居中 ，这样表格宽度所占据的标题行的单元格首先合并成一个大的单元格，标题内容居于这个单元格的中央。

8. 边框设置

Excel 工作表中显示的灰色网格线不是实际表格线，在表格中增加实际表格线（加边框）才能打印出表格线，操作方法如下。

选定要设置边框的单元格区域，单击鼠标右键，在弹出的快捷菜单中单击"设置单元格格式"命令，打开"设置单元格格式"对话框。

在该对话框的"边框"标签中可以对选定的单元格设置边框，还可以设置边框的颜色和线型。

9. 底纹设置

单元格区域可以增加底纹图案和颜色以美化表格，操作方法如下。

选择要加图案和颜色的单元格区域，单击鼠标右键，在弹出的快捷菜单中单击"设置单元格格式"命令，打开"设置单元格格式"对话框。

在该对话框的"填充"标签中选择背景色或图案颜色可为单元格区域增加底纹。

4.3.3 调整行高和列宽

在新建的工作簿中，工作表的行高和列宽都是采用默认值。如果输入的数据较多较大，超出了标准的行高和列宽值，就无法将所有内容全部显示，此时就需要对行高和列宽进行调整。

1. 调整行高

（1）鼠标拖动法　将鼠标指针移到需要调整行高的行号下边线上，指针呈十字形状后，上下拖动，即可改变行高。

（2）菜单命令法　单击需要调整行高的行号选中该行，单击鼠标右键，从弹出的快捷菜单中单击"行高"命令，弹出如图4-10所示的"行高"对话框，在该对话框中输入所需要的行高，然后单击"确定"按钮。

（3）最合适的行高　将鼠标指针移到需要调整行高的行号下边线上，指针呈十字形状后，双击鼠标，就可将该行设置为"最适合的行高"。

2. 调整列宽

（1）鼠标拖动法　将鼠标指针移到需要调整列宽的列标右边线上，指针呈十字形状后，左右拖动，即可改变列宽。

（2）菜单命令法　单击需要调整列宽的列标，选中该列，单击鼠标右键，从弹出的快捷菜单中单击"列宽"命令，弹出如图4-11所示的"列宽"对话框，在该对话框中输入所需要的列宽，然后单击"确定"按钮。

图4-10 "行高"对话框　　　　　　　图4-11 "列宽"对话框

（3）最合适的列宽　将鼠标指针移到需要调整列宽的列标右边线上，指针呈十字形状后，双击鼠标，就可将该行设置为"最适合的列宽"。

4.3.4 使用条件格式与格式刷

1. 条件格式

运用条件格式可以使工作表中不同的数据以不同的格式来显示，也就是可以根据某种条件来决定数值的显示格式。例如，学生成绩中小于60的成绩用红色显示，条件格式的定义方法如下。

1）选定要使用条件格式的单元格区域（如B1：C2）。

2）单击"开始"选项卡"样式"组中的"条件格式"按钮，在出现的下拉列表中选择"突出显示单元格规则"中的"小于"，打开如图4-12所示的"小于"对话框。

图4-12 "小于"对话框

3）在"小于"对话框的第一个文本框中输入数值"60"，在后面的下拉列表中单击

"红色文本"下拉列表框。

4）单击"确定"按钮。

2. 格式刷

Excel 中还可以用更简单的方法来复制单元格格式，格式的复制可以使用"格式刷"来实现，操作方法如下。

1）选定被复制格式的单元格，然后单击"开始"选项卡"剪贴板"组中的"格式刷"按钮 。

2）选定目标单元格，即可将格式复制到目标单元格中。

4.3.5 套用表格格式

对已经存在的工作表，可以套用系统定义的各种格式来美化表格，操作方法如下。

1）选定要套用格式的单元格区域。

2）单击"开始"选项卡"样式"组中的"套用表格格式"按钮，从弹出的列表中选择一种格式，单击鼠标选中即可。

4.3.6 工作表的页面设置与打印

1. 页面设置

单击"页面布局"选项卡，在该选项卡的"页面设置"组中可以设置"页边距"、"纸张方向"和"纸张大小"等信息。

（1）设置页边距 单击"页面设置"组中的"页边距"按钮，在出现的列表中可以选择"普通"、"宽"或者"窄"，如果需要设置页边距的其他值，则可以单击"自定义边距"命令进行设置。

（2）设置页眉/页脚 页眉是指打印页顶部出现的文字，而页脚则是打印页底部出现的文字。通常，把工作簿名称作为页眉，页脚则为页号，当然也可以自定义。设置页眉和页脚的操作方法如下。

单击"页面设置"组中的"页边距"按钮，在出现的列表中单击"自定义边距"命令，打开如图 4-13 所示的"页面设置"对话框，在该对话框的"页眉/页脚"选项卡中可以设置页眉和页脚，还可以选择奇偶页不同的页眉和页脚。

（3）设置纸张方向单击"页面设置"组中的"纸张方向"按钮，在出现的列表中可以选择"纵向"

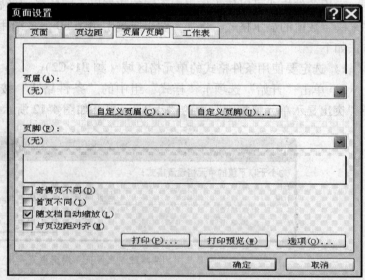

图 4-13 "页面设置"对话框

或"横向"。

纵向：表示从左到右按行打印。

横向：表示将数据旋转 90 度打印。

（4）设置纸张大小　单击"页面设置"组中的"纸张大小"按钮，在出现的列表中可以选择纸张的规格（如 A4，Letter 等），如果需要设置其他的纸张规格，则可以在列表中单击其他纸张大小命令进行设置。

2. 打印预览

单击"Office 按钮"图标，在打开的菜单中选择"打印"中的"打印预览"命令，出现"打印预览"窗口，如图 4-14 所示。窗口中以整页形式显示了工作表的首页，其形式就是实际打印的效果。在窗口下方显示了当前的页号和总页数。

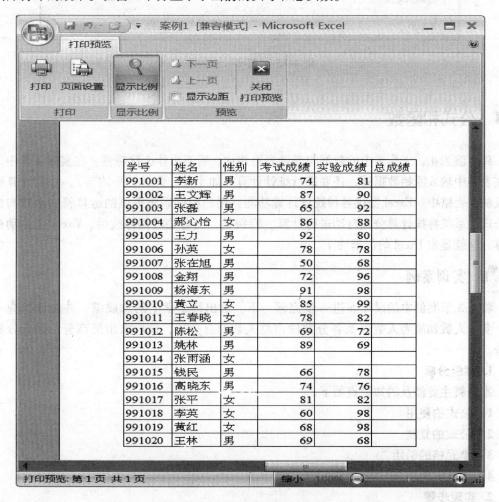

图 4-14　"打印预览"窗口

对"打印预览"感到满意后，就可正式打印了。

单击"打印预览"窗口的"打印"按钮，打开"打印"对话框，如图 4-15 所示。在该对话框中还可以设置"打印范围"和"打印份数"等。

图 4-15 "打印"对话框

4.4 公式和函数

到目前为止，工作表中的数据与普通表格相比，看不出什么优越性。在实际工作中，除了在表格中输入原始数据外，还要进行统计计算（如小计、合计、平均等），并把计算结果也反映在表格中。Excel 提供各种统计计算功能，用户根据系统提供的运算符和函数构造计算公式，系统将按计算公式自动进行计算。特别是，当有关数据修改后，Excel 会自动重新计算。这就显出 Excel 的优越性了。

4.4.1 实训案例

将 4.3 节案例中的成绩表进一步完善一下，求出每个学生的总成绩，并统计出应考人数、实考人数和缺考人数以及各分数段占总人数的百分比，最后求出最高分、最低分和平均分。

1. 案例分析

本案例主要涉及的知识点如下。

1）公式的使用。

2）公式的复制。

3）单元格的引用。

4）函数的使用。

2. 实现步骤

1）选中 F4 单元格，在该单元格中输入公式 " = D4 * \$ D \$ 2 + E4 * \$ F \$ 2"，按 < Enter > 键确认。

2）选中 F4 单元格，拖曳填充柄将公式复制到 F5 ~ F23 单元格。

3）选中 A29 单元格，输入函数 " = COUNT（E4：E23）"，按 < Enter > 键确认。

4）选中 B29 单元格，输入函数 " = COUNT（D4：D23）"，按 < Enter > 键确认。

5）选中 C29 单元格，输入公式"= A29 - B29"，按 < Enter > 键确认。

6）选中 D29 单元格，输入函数"= COUNTIF（F3：F23，"< 60"）"，按 < Enter > 键确认。

7）选中 E29 单元格，输入公式"= COUNTIF（F3：F23，"< 80"）- D29"，按 < Enter > 键确认。

8）选中 F29 单元格，输入公式"= COUNTIF（F3：F23，"100"）- D29 - E29"，按 < Enter > 键确认。

9）选中 D30 单元格，输入公式"= D29/ $ A $ 29"，按 < Enter > 键确认，并将该公式复制到 E30 和 F30 单元格。

10）选中 B31 单元格，输入函数"= AVERAGE（F4：F23）"，按 < Enter > 键确认。

11）选中 D31 单元格，输入函数"= MAX（F4：F23）"，按 < Enter > 键确认。

12）选中 F31 单元格，输入函数"= MIN（F4：F23）"，按 < Enter > 键确认。

经过计算后的成绩单如图 4-16 所示。

	A	B	C	D	E	F
1	计算机动画技术成绩单					
2			考试：	80%	实验：	20%
3	学号	姓名	性别	考试成绩	实验成绩	总成绩
4	991001	李新	男	74	81	75
5	991002	王文辉	男	87	90	88
6	991003	张磊	男	65	92	70
7	991004	郝心怡	女	86	88	86
8	991005	王力	男	92	80	90
9	991006	孙英	女	78	78	78
10	991007	张在旭	男	50	68	54
11	991008	金翔	男	72	96	77
12	991009	杨海东	男	91	98	92
13	991010	黄立	女	85	99	88
14	991011	王春晓	女	78	82	79
15	991012	陈松	男	69	72	70
16	991013	姚林	男	89	69	85
17	991014	张雨涵	女		80	16
18	991015	钱民	男	66	78	68
19	991016	高晓东	男	74	76	74
20	991017	张平	女	81	82	81
21	991018	李英	女	60	98	68
22	991019	黄红	女	68	98	74
23	991020	王林	男	69	68	69
24						
25						
26						
27	成绩分析					
28	应考人数	实考人数	缺考人数	0-59	60-79	80-100
29	20	19	1	2	11	7
30	各分数段占百分比：			0.1	0.55	0.35
31	平均分：	74	最高分：	92	最低分：	16

图 4-16　计算后的成绩单

4.4.2　使用公式

举例：若要计算 A1：C1 区域各单元格数据的和并存放在 D1 中，可以先单击 D1，在 D1 单元格中输入公式"= A1 + B1 + C1"，并按 < Enter > 键。D1 中出现求和的计算结果，若单击 D1，则数据编辑区出现 D1 中的公式"= A1 + B1 + C1"。

1. 公式形式

输入的公式形式为 = 表达式

其中表达式由运算符、常量、单元格地址、函数及括号等组成，不能包括空格。例如，"= A1 * D2 + 100"，"= SUM（A1：D1）/C2"是正确的公式，而"A1 + A2 + A3"是错误的，因为其前面缺少一个"="。

2. 运算符

用运算符把常量、单元格地址、函数及括号等连接起来就构成了表达式。常用运算符有算术运算符、字符连接符和关系运算符三类。运算符具有优先级，如 3 + 4 * 5，应先做乘法，后做加法，因为乘法优先级高于加法。表 4-1 按优先级从高到低列出各运算符及其功能。

表 4-1　常用运算符

运算符	功能	举例
–	负号	–3，–A1
%	百分数	5%（即 0.05）
^	乘方	5^2（即 5^2）
*，/	乘，除	5 * 3，5/3
+，–	加、减	5 + 3，5 – 3
&	字符串连接	"CHINA" & "2000"（即 "CHINA2000"）
=，< >	等于，不等于	5 = 3 的值为假，5 < > 3 的值为真
>，> =	大于，大于等于	5 > 3 的值为真，5 > = 3 的值为真
<，< =	小于，小于等于	5 < 3 的值为假，5 < = 3 的值为假

3. 创建公式

在单元格中创建公式采用如下的操作方法。

1）单击要输入公式的单元格。

2）在单元格中先输入一个"="符号。

3）输入公式中的内容。

4）输入完成后，按 < Enter > 键或单击编辑栏中"√"按钮。

例如，在 B6 单元格中输入公式"= B2 + B3 + B4 + B5"，计算结果显示在 B6 单元格中。当更改了单元格 B2 的数据时，B6 单元格中的计算结果会自动更新。

4. 修改公式

公式输入后，有时需要修改。修改公式可以在数据编辑区进行，操作方法如下。

1）单击公式所在的单元格。

2）单击数据编辑区中公式需修改处，然后进行增、删、改等编辑工作（如把"A3 + B3 + C3"改为"A3 + B3-C3"）。修改时，系统随时计算修改后的公式，并把结果显示在"计算结果"栏中。

3）修改完毕后，单击"√"按钮（若单击"取消"按钮或"×"按钮，则刚进行的修改无效，恢复到修改前的状态）。

5. 自动求和按钮的使用

在"开始"选项卡"编辑"组中有一自动求和按钮Σ，利用该按钮可以对工作表中所选定的单元格进行自动求和、平均值、统计个数、最大值和最小值的快速计算，操作方法如下。

1）选定要求和的数值所在的行或者列中与数值相邻的单元格，包括存放结果的单元格。

2）单击"自动求和"按钮，或者选择弹出菜单中的其他命令，即可完成自动计算。

4.4.3 使用函数

Excel 提供了 11 类函数，每一类有若干个不同的函数。例如，"常用函数"类中有 SUM（求和）、AVERAGE（求平均值）、MAX（求最大值）等函数。单击自动求和按钮Σ $\cdot$实际上是调用 SUM 函数。可以认为函数是常用公式的简写形式。函数可以单独使用，如" = SUM（D1：D6）"，也可以出现在公式中，如" = A1 * 3 + SUM（D1：D4）"。合理使用函数将大大提高表格计算的效率。

1. 函数的形式

函数的形式如下：

函数名（［参数 1］［，参数 2］…）

函数的结构以函数名开始，后面紧跟左圆括号，然后是以逗号分隔的参数和右圆括号。上述形式中的方括号表示方括号内的内容可以不出现。所以函数可以有一个或多个参数，也可以没有参数，但函数名后的一对圆括号是必需的。

2. 函数的使用

下面以输入公式" = A4 + B4 * AVERAGE（C4：D4）"为例说明如何使用数据编辑区的插入函数按钮。

1）单击存放该公式的单元格（如 E4），使之成为当前单元格。

2）单击数据编辑区，输入" = A4 + B4 *"。

3）单击数据编辑区左侧"插入函数"按钮在公式中粘贴函数。

4）出现"插入函数"对话框，对话框有各种函数的列表，如图 4-17 所示。从列表中选择"AVERAGE"，公式中出现该函数及系统预测的求平均值的区域，若给定的区域不正确，单击该处并修改成"C4：D4"。

5）单击"确定"按钮。

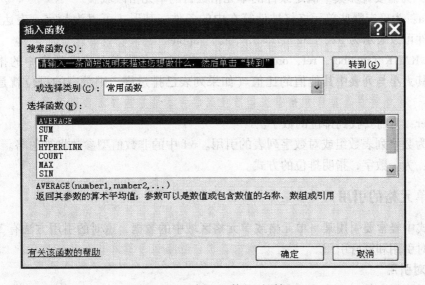

图 4-17 "插入函数"对话框

3. 常用函数介绍

在提供的众多函数中有些是经常使用的，下面介绍几个常用函数。

（1）SUM（A1，A2，…） 功能：求各参数的和。A1，A2 等参数可以是数值或含有数值的单元格的引用。

（2）AVERAGE（A1，A2，…） 功能：求各参数的平均值。A1，A2 等参数可以是数值或含有数值的单元格的引用。

（3）MAX（A1，A2，…） 功能：求各参数中的最大值。

（4）MIN（A1，A2，…） 功能：求各参数中的最小值。

（5）COUNT（A1，A2，…） 功能：求各参数中数值型数据的个数。参数的类型不限。

例如，" = COUNT（12，D1：D3，" CHINA"）"，若 D1：D3 中存放的是数值，则函数的结果是 4，若 D1：D3 中只有一个单元格存放的是数值，则结果为 2。

（6）ABS（A1） 功能：求出相应参数的绝对值。

（7）IF（P，T，F） 其中，P 是能产生逻辑值（TRUE 或 FALSE）的表达式，T，F 是表达式。功能：若 P 为真（TRUE），则取 T 表达式的值，否则，取 F 表达式的值。

例如：IF（6 > 5，10，– 10）的结果为 10。

IF 函数可以嵌套使用，最多可嵌套 7 层。例如，E2 存放某学生的考试平均成绩，则其成绩的等级可表示为

IF(E2 > 89,"A" ,IF(E2 > 79,"B" ,IF(E2 > 69,"C" ,IF(E2 > 59,"D" ,"E"))))

（8）SUMIF（range，criteria，sum_ range） 功能：根据指定条件对若干单元格求和。

range：为用于条件判断的单元格区域。

criteria：为确定哪些单元格将被相加求和的条件，其形式可以为数字、表达式或文本。例如，条件可以表示为 32、" 32"、" >32" 或"apples"。

sum_ range：是需要求和的实际单元格。

（9）COUNTIF（range，criteria） 功能：计算区域中满足给定条件的单元格的个数。

range：为需要计算其中满足条件的单元格数目的单元格区域。

criteria：为确定哪些单元格将被计算在内的条件，其形式可以为数字、表达式或文本。例如，条件可以表示为 32、" 32"、" >32" 或 " apples"。

（10）RANK（number，ref，order） 功能：返回一个数字在数字列表中的排位。数字的排位是其大小与列表中其他值的比值（如果列表已排过序，则数字的排位就是它当前的位置）。

number：为需要找到排位的数字。

ref：为数字列表数组或对数字列表的引用。ref 中的非数值型参数将被忽略。

order：为一数字，指明排位的方式。

4.4.4 单元格的引用

在公式中经常要引用某一单元格或单元格区域中的数据，这时的引用方法有 3 种：相对引用、绝对引用和混合引用。

1. 相对引用

相对引用指向相对于公式所在单元格相应位置的单元格。在复制公式时，系统并非简单

地把单元格中的公式原样照搬，而是根据公式的原来位置和复制的目标位置推算出公式中单元格地址相对原位置的变化。

例如，公式"= C4 + D4 + E4"原位置在单元格 F4，目标位置在 F5，相对于原位置，目标位置的列号不变，而行号要增加 1。所以复制的公式中单元格地址列号不变，行号由 4 变成 5，则 F5 中的公式是"= C5 + D5 + E5"。

2. 绝对引用

绝对引用指向工作表中固定位置的单元格，它的位置与包含公式的单元格无关。其表示形式是在普通地址前加 $，如 $ D $ 1。

例如，单元格 F4 中的公式为"= $ C $ 4 + $ D $ 4 + $ E $ 4"，复制到 F5，则 F5 中公式依然为"= $ C $ 4 + $ D $ 4 + $ E $ 4"。

3. 混合引用

混合引用是指公式中既有相对引用，又有绝对引用。

例如，单元格 F4 中的公式为"= $ C $ 4 + D $ 4 + $ E4"，复制到 G5，则 G5 中公式为"= $ C $ 4 + E $ 4 + $ E5"，公式中 C4 不变，D4 变成 E4（列标变化），E4 变成 E5（行号变化）。

4.4.5 错误值的综述

在单元格中输入或编辑公式后，有时会出现诸如"#####!"或"#VALUE!"的错误信息，令初学者莫名其妙和茫然不知所措。其实，出错是难免的，关键是要弄清出错的原因和如何纠正这些错误。表 4-2 列出的是几种常见的错误信息。

表 4-2 错误信息和出错原因

错误信息	原 因
#####!	公式所产生的结果太长，该单元格容纳不下，或者单元格的日期或时间格式产生了一个负值
#DIV/0!	公式中出现被零除的现象
#N/A	在函数或公式中没有可用数值
#NAME?	在公式中使用了 Microsoft Excel 不能识别的文本
#NULL!	试图为两个并不相交的区域指定交叉点
#NUM!	公式或函数中某个数值有问题
#REF!	单元格引用无效
#VALUE!	使用错误的参数或运算对象类型，或者自动更正公式功能不能更正公式

4.5 数据处理

按数据库方式管理工作表是 Excel 的重要功能。Excel 在数据管理方面提供了排序、检索、数据筛选、分类汇总等数据库管理功能。另外，Excel 还提供了许多专门用于数据库统计计算的数据库函数。

4.5.1 实训案例

对前面案例中的成绩单进行排序、筛选以及分类汇总操作。

1. 案例分析

本案例主要涉及的知识点如下。

1）数据的排序。

2）数据的筛选。

3）数据的分类汇总。

2. 实现步骤

1）将前面案例"计算机动画技术成绩单"中的成绩部分复制到一个新的工作表中，给工作表命名为"排序的成绩单"。

2）在"排序的成绩单"工作表中，选择 A1 至 F21 单元格区域，单击"数据"选项卡"排序和筛选"组中的"排序"按钮，打开"排序"对话框，在"主要关键字"下拉列表中选定"总成绩"项，在"次序"下拉列表中选择"降序"项；单击"添加条件"按钮，在添加的"次要关键字"下拉列表中选定"考试成绩"，在"次序"下拉列表中选择"降序"；选中"数据保护标题"复选框，使该行排除在排序之外；单击"确定"按钮，排序后的工作表如图 4-18 所示。

	A	B	C	D	E	F
1	学号	姓名	性别	考试成绩	实验成绩	总成绩
2	991009	杨海东	男	91	98	92
3	991005	王力	男	92	80	90
4	991002	王文辉	男	87	90	88
5	991010	黄立	女	85	99	88
6	991004	郝心怡	女	86	88	86
7	991013	姚林	男	89	69	85
8	991017	张平	女	81	82	81
9	991011	王春晓	女	78	82	79
10	991006	孙英	女	78	78	78
11	991008	金翔	男	72	96	77
12	991001	李新	男	74	81	75
13	991016	高晓东	男	74	76	74
14	991019	黄红	女	68	98	74
15	991012	陈松	男	69	72	70
16	991003	张磊	男	65	92	70
17	991020	王林	男	69	68	69
18	991015	钱民	男	66	78	68
19	991018	李英	女	60	98	68
20	991007	张在旭	男	50	68	54
21	991014	张雨涵	女		80	16

图 4-18 "排序"结果

3）将前面案例中"计算机动画技术成绩单"中的成绩部分复制到一个新的工作表中，给工作表命名为"筛选后的成绩单"。

4）在"筛选后的成绩单"工作表中，选定 A1 至 F21 单元格区域，单击"数据"选项卡"排序和筛选"组中的"筛选"按钮；单击"总成绩"下拉按钮，在下拉列表中选定"数字筛选"菜单中的"自定义筛选"命令，在打开的"自定义自动筛选方式"对话框中的第一个下拉列表框中选择"大于",在第二个下拉列表框中输入 80；单击"确定"按钮，筛选出总成绩大于 80 的记录，如图 4-19 所示。

	A	B	C	D	E	F
1	学号 ▼	姓名 ▼	性别 ▼	考试成绩 ▼	实验成绩 ▼	总成绩 ▼
3	991002	王文辉	男	87	90	88
5	991004	郝心怡	女	86	88	86
6	991005	王力	男	92	80	90
10	991009	杨海东	男	91	98	92
11	991010	黄立	女	85	99	88
14	991013	姚林	男	89	69	85
18	991017	张平	女	81	82	81

图 4-19 "筛选"结果

5）将前面案例中"计算机动画技术成绩单"中的成绩部分复制到一个新的工作表中，给工作表命名为"分类汇总的成绩单"。

6）在"分类汇总的成绩单"工作表中，选中 A1 至 F21 单元格区域，先将数据表按性别排序；然后单击"数据"选项卡"分级显示"组中的"分类汇总"按钮，打开"分类汇总"对话框；设置"分类字段"为"性别"，"汇总方式"为"平均值"，"选定汇总项"为"总成绩"；单击"确定"按钮，汇总出男同学和女同学的平均成绩，如图 4-20 所示。

	A	B	C	D	E	F
1	学号	姓名	性别	考试成绩	实验成绩	总成绩
2	991001	李新	男	74	81	75
3	991002	王文辉	男	87	90	88
4	991003	张磊	男	65	92	70
5	991005	王力	男	92	80	90
6	991007	张在旭	男	50	68	54
7	991008	金翔	男	72	96	77
8	991009	杨海东	男	91	98	92
9	991012	陈松	男	69	72	70
10	991013	姚林	男	89	69	85
11	991015	钱民	男	66	78	68
12	991016	高晓东	男	74	76	74
13	991020	王林	男	69	68	69
14			男 平均值			76
15	991004	郝心怡	女	86	88	86
16	991006	孙英	女	78	78	78
17	991010	黄立	女	85	99	88
18	991011	王春晓	女	78	82	79
19	991014	张雨涵	女		80	16
20	991017	张平	女	81	82	81
21	991018	李英	女	60	98	68
22	991019	黄红	女	68	98	74
23			女 平均值			71.25
24			总计平均值			74.1

图 4-20 "分类汇总"结果

4.5.2 数据排序

对某些数据表，有时需要按某字段值的大小进行排序。例如，对工资表按工资或奖金从高到低排序，以便从中得到有用的信息。排序所依据的字段称为关键字，有时关键字不止一个。例如，对工资表按工资从高到低排序，若工资相同时，则奖金少的记录排在前面。这里，实际上有两个关键字，以前一个关键字（"工资"）为主，称为"主要关键字"，而后一个关键字（"奖金"）仅当主要关键字无法决定排列顺序时才起作用，故称为"次要关键字"。实现排序的操作方法如下。

（1）用排序工具排序　选定单元格区域，单击"数据"选项卡"排序和筛选"组中"升序"按钮和"降序"按钮，即可对指定的区域进行排序。

（2）"排序"对话框　选定单元格区域，单击"数据"选项卡"排序和筛选"组中的"排序"按钮，打开"排序"对话框，如图 4-21 所示。在"主要关键字"下拉列表框和"次序"下拉列表框中进行相应的选择，如果需要使用"次要关键字"，可"添加条件"按钮，在添加的"次要关键字"下拉列表框中和"次序"下拉列表框中进行设置，最后单击"确定"按钮即可。

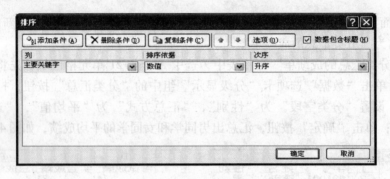

图 4-21　"排序"对话框

4.5.3　数据筛选

在数据表中，有时参加操作的只是一部分记录，为了加快操作速度，往往把那些与操作无关的记录隐藏起来，使之不参加操作，把要操作的数据记录筛选出来作为操作对象，以减小查找范围，提高操作速度。例如，在本节案例中，若要查找分数高于 80 分的女生，若从全体学生中查找，要搜索 20 个记录；若按性别为女的条件筛选记录，则至多搜索 8 个记录，搜索范围减少一半以上，速度自然要快得多。筛选数据的方法有三种："自动筛选"、"自定义条件筛选"和"高级筛选"。

1. 自动筛选

选定数据区域的任意单元格，单击"数据"选项卡"排序和筛选"组中的"筛选"按钮。此时，数据表的每个字段名旁边出现了下拉按钮。单击下拉按钮，将出现下拉列表，在下拉列表中选定要显示的项，在工作表中就可以看到筛选后的结果。

2. 自定义条件筛选

选定数据区域的任意单元格，单击"数据"选项卡"排序和筛选"组中的"筛选"按钮。此时，数据表的每个字段名旁边出现了下拉按钮。单击下拉按钮，将出现下拉列表，在下拉列表中单击"数字筛选"中的"自定义筛选"命令，打开"自定义自动筛选方式"对话框，如图 4-22 所示。在对话框中单击左上方框的下拉按钮，在出现的下拉列表中选择运算符，在右上方框中选择或输入运算对象；用同样的方法还可以在第二排的框中指定第二个条件。由中间的单选按钮确定这两个条件的关系："与"表示两个条件必须同时成立，"或"表示两个条件之一成立即可。单击"确定"按钮，就可得到筛选结果。

3. 高级筛选

在自动筛选中，筛选条件可以是一个，也可以用自定义指定两个条件，但只能针对一个字段。如果筛选条件涉及多个字段，用自动筛选实现较麻烦（分两次实现），而用高级筛选就能一次完成。高级筛选操作方法如下。

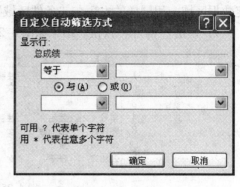

图 4-22 "自定义自动筛选方式"对话框

（1）构造筛选条件　在数据表前插入若干空行作为条件区域，空行的个数以能容纳条件为限。根据条件，在相应字段的上方输入字段名，并在刚输入的字段名下方输入筛选条件。用同样方法构造其他筛选条件。多个条件的"与"、"或"关系用如下方法实现。

1）"与"关系的条件出现在同一行。

例如，表示条件"性别为女与总成绩大于80"：

性别	总成绩
＝女	＞80

2）"或"关系的条件不能出现在同一行。

例如，表示条件"性别为女或总成绩大于80"：

性别	总成绩
＝女	
	＞80

（2）执行高级筛选　以筛选条件"性别为女与总成绩大于80"为例。

1）在数据表前插入 3 个空行作为条件区域。在第一行"性别"列输入"性别"，在其下方单元格中输入"＝'女'"，在第一行"总成绩"列输入"总成绩"，在其下方单元格中输入"＞80"，如图 4-23 所示。

图 4-23　构造筛选条件

2）单击数据表中任意单元格，然后单击"数据"选项卡"排序和筛选"组中的"高级筛选"按钮，出现"高级筛选"对话框，如图 4-24 所示。

3）在"方式"选项组中选择筛选结果的显示位置，这里选"在原有区域显示筛选结果"。在"数据区域"栏中指定数据区域（一定要包含字段名的行），可以直接输入"＄A＄4：＄F＄26"，也可以单击右侧的折叠按钮，然后在数据表中选

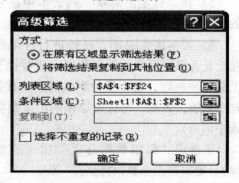

图 4-24　"高级筛选"对话框

定数据区域。用同样的方法在"条件区域"栏指定条件区域（＄A＄1：＄F＄2）。

4）单击"确定"按钮。结果如图4-25所示，原有数据被高级筛选结果所代替。

	A	B	C	D	E	F
1			性别			总成绩
2			女			>80
3						
4	学号	姓名	性别	考试成绩	实验成绩	总成绩
8	991004	郝心怡	女	86	88	86
14	991010	黄立	女	85	99	88
21	991017	张平	女	81	82	81

图4-25　高级筛选结果

（3）在指定区域显示筛选结果　若想保留原有数据，使筛选结果在其他位置显示，则可以在高级筛选步骤3）中，选择"将筛选结果复制到其他位置"单选按钮，并在"复制到"栏中指定显示结果区域的左上角单元格地址（如＄A＄28），则高级筛选的结果在指定位置显示。

4.5.4　数据汇总

分类汇总是分析数据表的常用方法。例如，在成绩表中要按性别统计学生的平均分，使用系统提供的分类汇总功能，很容易得到这样的统计表，为分析数据表提供了极大的方便。

在汇总之前，首先要按分类字段进行排序。实现分类汇总的操作方法如下。

1）按分类字段（如性别）进行排序。

2）单击"数据"选项卡"分级显示"组中的"分类汇总"按钮，打开"分类汇总"对话框，如图4-26所示。

3）单击"分类字段"下拉列表框的下拉按钮，在下拉列表中选择分类字段（这里选"性别"）。

4）单击"汇总方式"下拉列表框的下拉按钮，在下拉列表中选择汇总方式（这里选"平均值"）。

5）在"选定汇总项"列表框中选定要汇总的一个或多个字段（这里选"总成绩"）。

6）若本次汇总前，已经进行过某种分类汇总，是否保留原来的汇总数据由"替换当前分类汇总"项决定，若不保留原来的汇总数据，可以选中该项，否则，将保留原来的汇总数据（这里选中该项）。

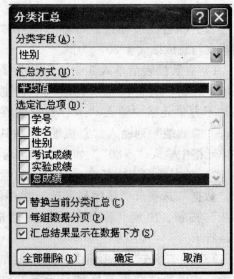

图4-26　"分类汇总"对话框

若选定"每组数据分页"项（这里不选该项），则每类汇总数据将独占一页。

若选定"汇总结果显示在数据下方"复选框（这里选中该项），则每类汇总数据将出现在该类数据的下方。否则将出现在该类数据的上方。

7）单击"确定"按钮。

4.6 数据图表的创建与编辑

图表以图形的方式来表示表格中的数据、数据间的关系以及数据变化的趋势。Excel 可以将工作表中的数据以图表的形式显示，如直方图、折线图、圆饼图等，使得工作表中数据之间的关系和数据的意义更加直观、形象。

4.6.1 实训案例

根据"计算机动画技术成绩单"工作表中的成绩分析创建图表，要求图表能清晰地反映出不同分数段的人数在总人数中的比例。

1. 案例分析

本案例主要涉及的知识点如下。

1）利用向导创建图表。

2）图表类型的选择。

2. 操作步骤

1）选定创建图表所依据的数据区域 D28：F29。

2）在"插入"选项卡"图表"组单击"饼图"按钮，在出现的列表中单击"分离型饼图"，即可完成图表的创建，如图 4-27 所示。

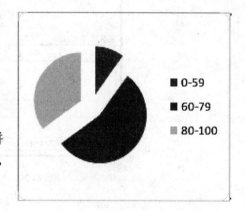

4.6.2 创建图表

图 4-27 二维分离型饼图

在 Excel 中对已建立的工作表，可以建立其图表，创建图表的操作方法如下。

1）选定创建图表所依据的数据区域。

2）单击"插入"选项卡，在"图表"组中选择需要的图表类型，单击鼠标，打开下拉列表，列出了该图表类型的子图表类型。

3）在下拉列表中单击一种子图表类型，即可完成图表的创建。

4.6.3 修改图表

图表建立后，有时会发现图表的某些数据有误需要修改，此时可以对图表进行编辑。

1. 修改图表的类型

选定图表后，单击图表工具"设计"选项卡"类型"组中的"更改图表类型"按钮，打开如图 4-28 所示的"更改图表类型"对话框，选定需要的图表类型后，单击"确定"按钮完成图表类型的更改。

2. 更新图表数据

选定图表后，单击图表工具"设计"选项卡"数据"组中的"选择数据"按钮，打开"选择数据源"对话框，如图 4-29 所示。在该对话框的"图表数据区域"文本框中更改数据源即可更新图表数据。

图 4-28 "更改图表类型"对话框

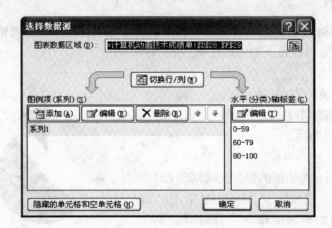

图 4-29 "选择数据源"对话框

4.6.4 格式化图表

图表建立或修改后,可以对图表中字体格式、图案以及对齐方式等进行设置,使其更具观赏性。

1. 改变图表区背景

1)单击图表,激活它。

2)单击图表工具"布局"选项卡,在"背景"组中单击"绘图区"按钮,在出现的下拉列表中单击"其他绘图区选项"按钮,在弹出的对话框中选择填充的颜色即可。

2. 设置图表标题格式

1)单击图表,激活它。

2)单击图表工具"布局"选项卡,在"标签"组中单击"图表标题"按钮,在出现的下拉列表中单击"其他标题选项"按钮,在弹出的对话框中进行设置即可。

3. 设置图例格式

1)单击图表,激活它。

2)单击图表工具"布局"选项卡,在"标签"组中单击"图例"按钮,在出现的下拉列表中单击"其他图例选项"按钮,在弹出的对话框进行设置即可。

第 5 章　演示文稿制作软件 PowerPoint 2007

5.1　PowerPoint 2007 简介

PowerPoint 2007 是 Office 2007 办公系列软件的重要组件之一，专门用于制作演示文稿。它将文字、图片、动画、声音等多种对象集成为一体，以便在不同的应用领域进行播放演示，来充分表达各类信息内容。

5.1.1　实训案例

新建一个空白演示文稿，在其中输入"PowerPoint 2007 简介"，并观察演示文稿在不同视图模式中的表现形式，最后以"演示——标题"命名保存。

1. 案例分析

本案例主要涉及以下知识点。

1）启动 PowerPoint 2007 应用程序，创建空白演示文稿。

2）输入文字内容。

3）在演示文稿的各种视图模式之间切换。

4）保存并关闭演示文稿。

2. 实现步骤

1）单击"开始"→"所有程序"→"Microsoft Office"→"Microsoft Office PowerPoint 2007"命令，即可启动 PowerPoint 2007。此时应用程序会自动创建一个名为"演示文稿 1"的空白演示文稿，如图 5-1 所示。

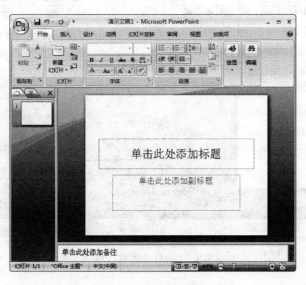

图 5-1　空白演示文稿

2）单击"单击此处添加标题"占位符，输入标题文字"PowerPoint 2007 简介"。

3）单击"视图"选项卡，可看到当前视图模式为"普通视图"，如图 5-2 所示。依次单击"幻灯片浏览"、"备注页"和"幻灯片放映"视图模式按钮，可看到幻灯片的不同视图效果，如图 5-3 ~ 图 5-5 所示。

图 5-2 "普通视图"模式

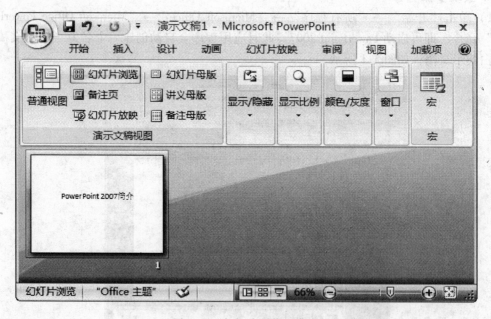

图 5-3 "幻灯片浏览"模式

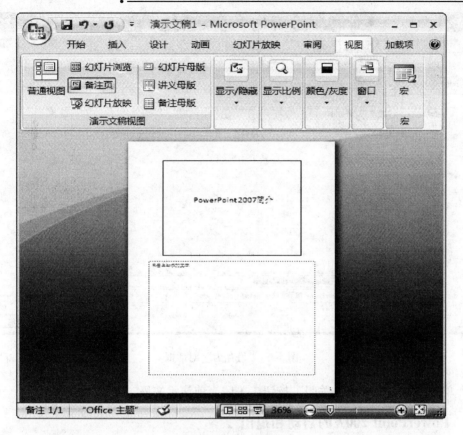

图 5-4 "备注页"模式

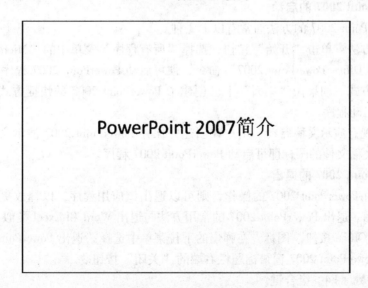

图 5-5 "幻灯片放映"模式

4）单击快速访问工具栏中的"保存"按钮，弹出"另存为"对话框，如图 5-6 所示。输入文件名为"演示——标题"，保存类型为"PowerPoint 演示文稿（ * . pptx）"，按 <Enter> 键，完成保存。

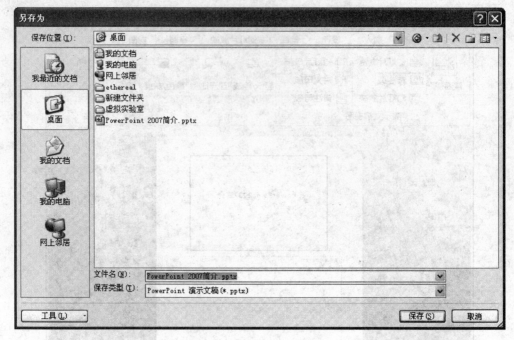

图 5-6　"另存为"对话框

5）单击窗口右上角的"关闭"按钮，关闭当前演示文稿。

5.1.2　PowerPoint 2007 的启动和退出

1. PowerPoint 2007 的启动

启动 PowerPoint 2007 的方法通常有以下 3 种。

（1）常规方法　单击"开始"按钮，选择"所有程序"菜单中的"Microsoft Office"项里的"Microsoft Office PowerPoint 2007"命令，便可启动 PowerPoint 2007 程序。

（2）快捷方式　如果在"桌面"上已创建了 PowerPoint 2007 的快捷方式图标，那么双击此图标即可启动程序。

（3）通过现有演示文稿启动　用户在创建并保存 PowerPoint 2007 演示文稿后，可以通过双击该演示文稿文件的图标即可启动 PowerPoint 2007 程序。

2. PowerPoint 2007 的退出

如果完成对 PowerPoint 2007 的操作，则可以退出该应用程序，以释放更多的空间供其他应用程序使用。退出 PowerPoint 2007 的常用方法与退出 Word 和 Excel 类似，有以下 3 种：

1）单击"Office 按钮"图标，在弹出的下拉菜单中选择"退出 PowerPoint"命令。

2）单击 PowerPoint 2007 窗口标题栏右端的"关闭"按钮。

3）通过 < Alt + F4 > 组合键。

5.1.3　PowerPoint 2007 的工作界面

PowerPoint 2007 的工作界面与早期版本相比，有了较大的变化，如图 5-7 所示。

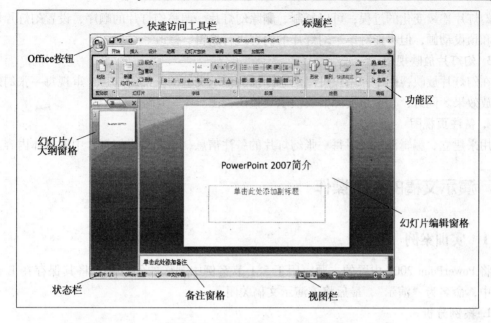

图 5-7　PowerPoint 2007 的工作界面

1. 幻灯片编辑窗格

该窗格位于工作界面的中间，用于显示和编辑幻灯片，是整个演示文稿的核心，所有幻灯片都是在编辑窗格中制作完成的。

2. 幻灯片/大纲窗格

该窗格位于幻灯片编辑窗格的左侧，用于显示演示文稿的幻灯片数量及位置，通过它可以方便地掌握演示文稿的结构。它包括"幻灯片"和"大纲"两个选项卡，单击不同的选项卡可分别在幻灯片窗格和大纲窗格之间切换。

3. 备注窗格

该窗格位于幻灯片编辑窗格的下方。在其中输入内容，可供演讲者查阅该幻灯片信息以及在播放演示文稿时为幻灯片添加说明和注释。

其他组成部分与 Word 和 Excel 的组成类似，这里不再赘述。

5.1.4　PowerPoint 2007 的视图模式

为了便于编辑或播放演示文稿，PowerPoint 2007 提供了普通视图、幻灯片浏览视图、幻灯片放映视图和备注页视图 4 种视图方式，以满足不同的制作需求。若要改变演示文稿的视图模式，可单击工作界面右下角视图栏中的视图切换按钮，或通过"视图"选项卡中的命令切换到相应视图。

1. 普通视图

普通视图是 PowerPoint 2007 的默认视图，在该视图中可调整幻灯片总体结构及编辑单张幻灯片中的内容，还可以在备注窗格中添加演讲者备注。

2. 幻灯片浏览视图

在这种视图下，按幻灯片序号顺序显示演示文稿中全部幻灯片的缩略图，从而可以看到全部幻灯片连续变化的过程；可以复制、删除幻灯片，调整幻灯片的顺序，设置幻灯片切换效果和预设动画，但不能对单个幻灯片的内容进行编辑、修改。

3. 幻灯片放映视图

在幻灯片放映视图中，用户可以动态地播放演示文稿的全部幻灯片，审视每一张幻灯片的播放效果。同时，它也是实际播放演示文稿的视图。

4. 备注页视图

用来建立、编辑演示者对每一张幻灯片的备注信息，不能编辑幻灯片中的具体内容。

5.2 演示文稿的基本操作

5.2.1 实训案例

将 PowerPoint 2007 内置的主题应用于 5.1 节案例中制作的幻灯片，将其保存在 E 盘根目录中，命名为"演示"，最后将该演示文稿关闭。

1. 案例分析

本案例主要涉及以下知识点。

1）打开已有的演示文稿。

2）利用主题创建演示文稿。

3）保存演示文稿。

4）关闭演示文稿。

2. 实现步骤

1）在"资源管理器"窗口中找到 5.1 节案例中制作的演示文稿"演示——标题"，直接双击打开该演示文稿。

2）单击"设计"选项卡，在"主题"功能区中选择"活力"主题，如图 5-8 所示。完成相应主题的演示文稿的创建。

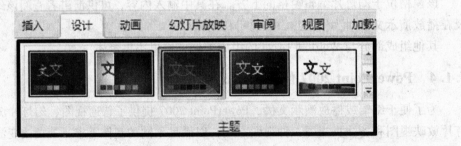

图 5-8　内置主题

3）演示文稿编辑完成后，选择"开始"菜单中的"另存为"命令，在打开的"另存为"对话框中，将文件命名为"演示.pptx"，选择保存路径为 E 盘根目录，单击"保存"按钮。

4）单击窗口右上角的"关闭"按钮将演示文稿关闭。

5.2.2 演示文稿的打开

打开已存在的演示文稿，通常有以下几种方法。

1）在"资源管理器"或"我的电脑"窗口中直接双击打开演示文稿。

2）启动 PowerPoint 2007 应用程序，单击"Office 按钮"图标，在其下拉菜单中选择"打开"命令，弹出"打开"对话框，如图 5-9 所示。在"查找范围"列表框中选定盘符，打开保存演示文稿的文件夹，选定要打开的文稿，然后单击"打开"按钮。

图 5-9 "打开"对话框

3）如果目标文档是近期打开过的，还可以在"Office 按钮"下拉菜单右侧的"最近使用的文档"列表中找到并打开。

5.2.3 演示文稿的创建

在 PowerPoint 2007 中，不仅可以如案例所示根据主题创建演示文稿，也可以根据设计模板等创建演示文稿。

1. 根据主题创建演示文稿

PowerPoint 2007 中内置多个主题，这些主题采用统一的设计方案，包括背景、文本及段落格式等。除了"实训案例"介绍的创建方法外，用户还可以通过以下步骤来完成。

1）单击左上角的"Office 按钮"图标，选择"新建"命令，打开"新建演示文稿"对话框。

2）选择左侧"模板"列表中的"已安装的主题"命令，右边会出现"已安装的主题"列表，单击其中的某一主题，可在右侧看到主题示例，如图 5-10 所示。

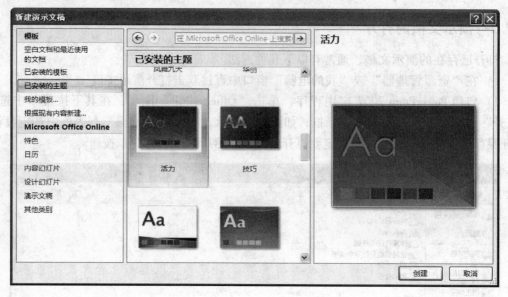

图 5-10   "已安装的主题"列表

3）单击"创建"按钮后，即可创建相应主题的演示文稿。

2. 根据设计模板创建演示文稿

PowerPoint 2007 中除了各种主题，还有多种设计模板，这些设计模板是针对不同应用而设计的具有统一外观的演示文稿，使制作幻灯片的过程更加简单快捷。

1）单击左上角的"Office 按钮"图标，选择"新建"命令，打开"新建演示文稿"对话框。

2）选择左侧"模板"列表中的"已安装的模板"命令，右边会出现"已安装的模板"列表，单击其中的某一模板，可在右侧看到模板示例，如图 5-11 所示。

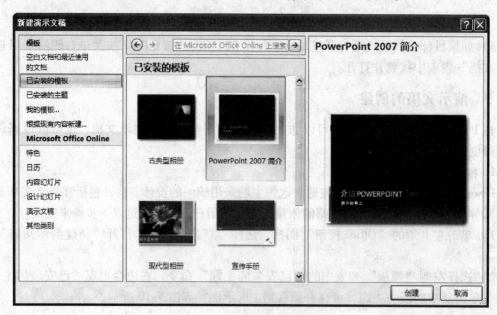

图 5-11   "已安装的模板"列表

3）单击"创建"按钮后，即可创建相应模板样式的演示文稿。

3. 创建空白演示文稿

"空白演示文稿"不带任何设计模板，作者可以发挥自己的创造性，设计出具有自己特色和风格的演示文稿。空白演示文稿的创建可通过启动 PowerPoint 2007 应用程序完成，或者通过"Office 按钮"下拉菜单中的"新建"命令，打开"新建演示文稿"对话框，在左侧"模板"列表中选择"空白文档和最近使用的文档"命令，在右侧出现的"空白文档和最近使用的文档"列表中选择"空白演示文稿"命令，如图 5-12 所示。

图 5-12 "空白文档和最近使用的文档"列表

4. 根据"我的模板"创建演示文稿

用户可以将已有演示文稿作为模板保存起来，以后可以重复使用该模板，操作步骤如下。

1）打开已有演示文稿。

2）单击"Office 按钮"图标，选择"另存为"命令，弹出"另存为"对话框。

3）在"保存类型"下拉列表中选择"PowerPoint 模版（＊.potx）"命令，此时在对话框的"保存位置"下拉列表中会自动打开"Templates"文件夹。

4）为设计模板命名，单击"保存"按钮，打开的演示文稿就被添加到模板中。

5）当用户要使用该模板时，单击"新建演示文稿"对话框中的"我的模板…"命令，在弹出的对话框中即可看到添加的模板，如图 5-13 所示。

6）选择新添加的模板，单击"确定"按钮即可。

5. 根据现有内容创建演示文稿

打开"新建演示文稿"对话框，单击"根据现有内容新建…"命令，在出现的对话框中选择相应演示文稿即可。

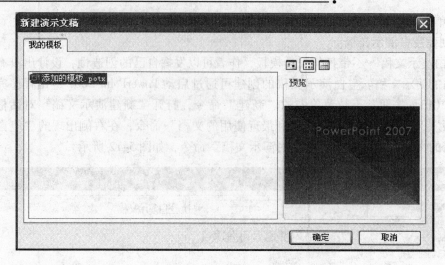

图 5-13 "我的模板"对话框

5.2.4 演示文稿的保存

将演示文稿保存到磁盘上，可以使用以下 3 种方法实现。

1）当演示文稿第一次保存时，可单击快速访问工具栏中的"保存"按钮，或单击"Office 按钮"→"保存"命令，打开"另存为"对话框，分别指定保存文件的文件夹，填入文件名，保存类型选为"演示文稿"，单击"保存"按钮。

2）如果要为当前演示文稿创建副本，可单击"Office 按钮"图标，通过"另存为"命令旁边的箭头，打开"保存文档副本"级联菜单，选择需要的副本格式，如图 5-14 所示。也可直接选择"另存为"命令，在"另存为"对话框中进行设置。

图 5-14 "保存文档副本"级联菜单

3）如果已保存过演示文稿，则单击快速访问工具栏中的"保存"按钮，可再次保存演示文稿中所做的修改。

5.2.5　演示文稿的关闭

编辑完演示文稿之后就要将其关闭，有以下 5 种方法可关闭文档。

1）单击"Office 按钮"图标，选择"关闭"命令。

2）单击窗口右上角的"关闭"按钮。

3）双击"Office 按钮"图标。

4）按 < Ctrl + F4 > 组合键。

5）按 < Ctrl + W > 组合键。

5.3　幻灯片的基本编辑

5.3.1　实训案例

利用内置的"PowerPoint 2007 简介"模板新建演示文稿。将 5.2 节案例中的幻灯片复制到该演示文稿中，使其成为第一张幻灯片，并调整标题和副标题的位置。把第二张幻灯片的版式改为"空白"版式，保存并关闭演示文稿。

1. 案例分析

本案例主要涉及以下知识点。

1）利用模板创建演示文稿。

2）幻灯片的复制和删除。

3）调整幻灯片中占位符的位置。

4）设置幻灯片的版式。

2. 实现步骤

1）启动 PowerPoint 2007 后，单击"Office 按钮"图标中的"新建"命令，打开"新建演示文稿"对话框。

2）单击左侧"模板"列表中的"已安装的模板"，选择其中的"PowerPoint 2007 简介"模板，单击"创建"按钮，即可创建相应的演示文稿，如图 5-15 所示。

图 5-15　利用模板创建演示文稿

计算机应用基础

3）打开5.2节案例中的演示文稿"演示.pptx"。

4）在"演示.pptx"左侧的幻灯片窗格中用鼠标右键单击幻灯片缩略图，在弹出的快捷菜单中选择"复制"命令。

5）切换到新建的演示文稿，在幻灯片窗格中用鼠标右键单击第一张幻灯片，从弹出的快捷菜单中选择"粘贴"命令，即可将"演示.pptx"中的幻灯片复制到当前幻灯片之后，如图5-16所示。

图5-16 复制幻灯片

6）在幻灯片窗格中用鼠标右键单击第一张幻灯片，从弹出的快捷菜单中选择"删除幻灯片"命令，使"演示.pptx"中的幻灯片成为当前演示文稿的第一张幻灯片。

7）单击标题文字"PowerPoint 2007简介"，将出现标题文字占位符的虚线框。用鼠标拖动标题占位符的边框至幻灯片中央适合的位置后松手，即可实现标题文字位置的改变，如图5-17所示。用同样的办法可将副标题也移动到适合的位置。

图5-17 调整占位符的位置

136

8）用鼠标右键单击第二张幻灯片，在弹出的快捷菜单中选择"版式"级联菜单，如图5-18 所示。单击其中的"空白"版式，即可完成当前幻灯片版式的设置。

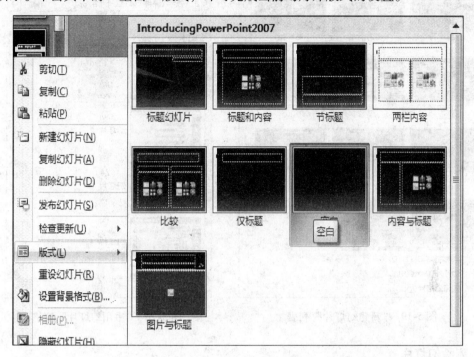

图 5-18 "版式"级联菜单

9）单击快速访问工具栏中的"保存"按钮，将演示文稿以原文件名保存。

10）单击窗口右上角的"关闭"按钮，关闭当前演示文稿。

5.3.2 幻灯片的基本操作

1. 插入幻灯片

在幻灯片窗格中，先选中需要在其后插入新幻灯片的某张幻灯片，然后选用以下方法之一就可完成幻灯片的插入。

1）用鼠标右键单击选中的幻灯片，从弹出的快捷菜单中选择"新建幻灯片"命令。

2）在"开始"选项卡中，单击"幻灯片"组中"新建幻灯片"上方的按钮。

3）在"开始"选项卡中，单击"幻灯片"组中"新建幻灯片"下方的按钮，弹出"新建幻灯片"列表，如图 5-19 所示。用户可以进行以下几种操作。

① 选择一种特定版式的幻灯片进行插入。

② 选择"复制所选幻灯片"命令，直接在所选幻灯片的后面插入其幻灯片副本。

③ 选择"幻灯片（从大纲）…"命令，在弹出的"插入大纲"对话框中，选择某一个大纲类文档后，演示文稿将用所选文档中的每一段文字生成一张"标题和文本"版式的幻灯片，文字被插入到每张幻灯片的标题占位符中。

④ 选择"重用幻灯片…"命令，将弹出"重用幻灯片"窗格，单击"浏览"按钮，选择要插入的演示文稿，可以将已有的幻灯片插入到当前演示文稿中，如图 5-20 所示。

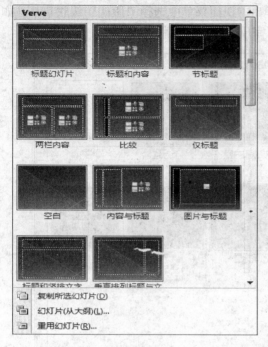

图 5-19 "新建幻灯片"列表

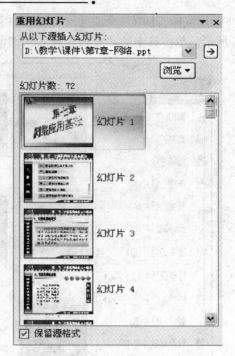

图 5-20 "重用幻灯片"窗格

2. 删除幻灯片

首先选择需要删除的幻灯片，然后通过直接按 < Delete > 键将其删除，或者用鼠标右键单击幻灯片缩略图，从弹出的快捷菜单中选择"删除幻灯片"命令，也可以单击"开始"选项卡，在"幻灯片"组中单击"删除"按钮进行删除。

3. 复制幻灯片

1）在选定幻灯片上单击鼠标右键，从弹出的快捷菜单中选择"复制幻灯片"命令，即可将选中的幻灯片复制到当前幻灯片之后。

2）在选定幻灯片上单击鼠标右键，从弹出的快捷菜单中选择"复制"命令。然后用鼠标右键单击目标位置，选择快捷菜单中的"粘贴"命令，即可将幻灯片复制到目标位置。

3）按下 < Ctrl > 键不放，用鼠标将选定的幻灯片拖曳到目标位置后松手，也可实现幻灯片的复制。

4. 移动幻灯片

（1）鼠标拖动法　在幻灯片窗格中选择一个或多个需要移动的幻灯片，然后按住鼠标左键拖至目标位置，松开鼠标即可。此方法适于在同一演示文稿中进行幻灯片的移动。

（2）菜单命令法　选择一个或多个需要移动的幻灯片，单击鼠标右键，从弹出的快捷菜单中选择"剪切"命令。然后用鼠标右键单击目标位置，从快捷菜单中选择"粘贴"命令。此方法适于在不同演示文稿中进行幻灯片的移动。

5.3.3　文本的基本操作

1. 文本的输入

在 PowerPoint 2007 中，文本的输入位置主要有文本占位符和文本框。

（1）文本占位符　在新建的幻灯片中常会出现含有"单击此处添加标题"和"单击此处添加文本"等提示性文字的虚线文本框，这类文本框就是文本占位符。

在占位符中输入文本时，用户只需用鼠标单击占位符，将光标放入其中，然后输入需要的文本即可。

在对占位符进行设置时，用户可以通过占位符四周的 8 个控制点调整其大小，也可以拖动占位符的边框调整其位置，还可以用鼠标右键单击占位符，从弹出的快捷菜单中选择"设置形状格式…"命令，调整其形状格式，包括占位符的填充和线条颜色、线型、阴影、三维格式、三维旋转等，如图 5-21 所示。

图 5-21　"设置形状格式"对话框

（2）文本框　由于幻灯片中的文本占位符和所选择的版式有关，其数量和位置通常是固定的，所以当用户需要在幻灯片的其他位置输入文本时，可以通过绘制文本框来完成。

1）选择"插入"选项卡，在"文本"组中单击"文本框"下拉按钮，从弹出的下拉列表中选择"横排文本框"或"垂直文本框"命令，如图 5-22 所示。

2）将鼠标指针放在要添加文本的位置，按住鼠标左键不放，拖至需要的大小，释放鼠标即生成一个文本框。此时，光标处于文本框中，用户可直接输入文本。

对文本框的设置和占位符的设置相同，此处不再重复。

2. 文本的编辑与格式化

在 PowerPoint 2007 中，文本的编辑与格式化的操作与 Word

图 5-22　"文本框"列表

2007 基本相同，具体参见第 3 章的相关内容。

5.3.4 幻灯片的外观设置

1. 版式的设置与应用

幻灯片版式是指一张幻灯片中的文本和图像等元素的布局方式，它定义了幻灯片上要显示内容的位置和格式设置信息。幻灯片的版式由多个占位符构成。PowerPoint 2007 提供了多种内置的版式，用户可以根据内容来选择不同的版式。

具体操作步骤如下：

1）单击要设置版式的幻灯片，使其成为当前幻灯片。

2）在"开始"选项卡中，单击"幻灯片"组中的"版式"下拉按钮，弹出如图 5-23 所示的下拉列表。

图 5-23 "版式"列表

3）单击选中的版式，所选幻灯片就会按新选定的版式调整布局。

如果用户对 PowerPoint 2007 提供的内置版式不满意，也可以通过调整占位符的位置，设计符合自己需求的版式。

2. 主题的设置与应用

（1）内置主题的应用

1）应用于新建演示文稿。用户可以用内置主题直接新建演示文稿，在创建的演示文稿中，每张幻灯片都将具有所选主题的风格样式。具体操作过程参见 5.2.3 节"根据主题创建演示文稿"部分。

2）应用于已创建的演示文稿。对已创建的演示文稿应用内置主题，可以在"设计"选项卡中用鼠标右键单击"主题"组中某一主题，将弹出如图 5-24 所示的快捷菜单。当选择"应用于选定幻灯片"命令，即可使当前幻灯片主题更改为选定的主题；若选择"应用于所有幻灯片"命令，则所有幻灯片主题更改为选定的主题。当演示文稿中多张幻灯片具有不同的主题时，快捷菜单中会出现"应用于相应幻灯片"命令，选择该命令，则演示文稿中与当前幻灯片主题相同的所有幻灯片都更改为选定的主题。

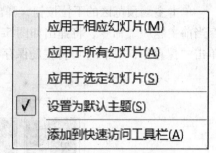

图 5-24 "主题"快捷菜单

（2）内置主题的设置 如果用户对 PowerPoint 2007 提供的内置主题不满意，可以通过修改已有主题的颜色、字体或效果，设计出符合自己要求的主题。

在"主题"组的右侧有 3 组下拉按钮，分别用于设置主题的颜色、字体和效果，如图 5-25 所示。

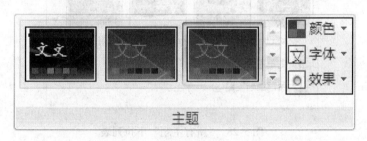

图 5-25 颜色、字体和效果下拉按钮

单击"颜色"下拉按钮，"主题颜色"列表如图 5-26 所示。在列表中选择某一组主题颜色，即可改变当前演示文稿中相应幻灯片的主题颜色。在列表最下方，单击"新建主题颜色…"命令，弹出"新建主题颜色"对话框，如图 5-27 所示。在对话框中，可对不同的主题选项的颜色进行修改，然后将修改后的主题颜色命名，单击"保存"按钮，该主题颜色会出现在列表的"自定义"区域中。

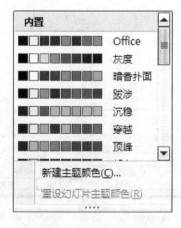

图 5-26 "主题颜色"列表 图 5-27 "新建主题颜色"对话框

主题字体和主题效果的修改方法与主题颜色相同。

为了便于以后使用修改后的主题，可以将其进行保存，具体方法如下。

单击主题预览区的下拉按钮，弹出"所有主题"下拉列表，如图 5-28 所示。选择"保存当前主题…"命令，将弹出如图 5-29 所示的"保存当前主题"对话框。输入主题名称，单击"保存"按钮，即可将主题保存在相应的系统文件夹中。

图 5-28 "所有主题"下拉列表

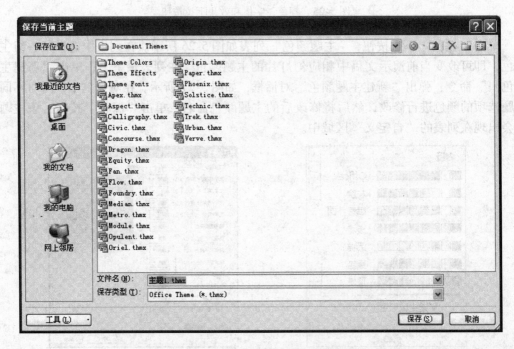

图 5-29 "保存当前主题"对话框

主题保存后，在"所有主题"下拉列表的"自定义"区域中会出现该主题选项，以便用户使用。

3. 背景的设置

如果用户不想使用主题中的背景样式，可以根据需要自己设置幻灯片的背景颜色、填充效果等内容。

（1）使用预设背景样式　在"设计"选项卡中的"背景"组中单击"背景样式"下拉按钮，弹出下拉列表，如图 5-30 所示。在该列表中选择任意一种预设样式，即可将其应用到所有幻灯片。如果想将其应用到当前幻灯片，用鼠标右键单击所选的背景样式，在弹出的快捷菜单中选择"应用于所选幻灯片"命令即可。

（2）自定义背景样式

1）选择"背景样式"下拉列表中的"设置背景格式…"命令，弹出"设置背景格式"对话框，如图 5-31 所示。

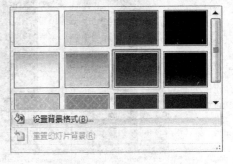

图 5-30　"背景样式"列表

2）单击左侧的"填充"选项卡，可以将某种颜色、纹理或图片等填充效果设置为幻灯片的背景。

3）若在第 2）步选择图片作为幻灯片的背景，并且想对图片作进一步的设置，则可以单击对话框左侧的"图片"选项卡，在这里可以对图片进行着色、亮度和对比度的设置。

4. 幻灯片母版的设置

幻灯片母版可以对创建完成的演示文稿在排版和外观上做整体调整，使所创建的演示文稿有统一的外观。在幻灯片母版上设置的字体格式、背景效果和插入的图片等内容将在演示文稿中的每一张幻灯片上反映出来。

PowerPoint 2007 中的幻灯片母版由两个层次组成，即"主母版"和"版式母版"。

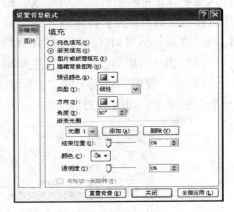

图 5-31　"设置背景格式"对话框

"主母版"是对演示文稿中幻灯片共性的设置，"主母版"中的设置会体现在所有"版式母版"中；"版式母版"则是对演示文稿中幻灯片个性的设置。

（1）设置幻灯片母版

1）在"视图"选项卡的"演示文稿视图"组中单击"幻灯片母版"按钮，打开"幻灯片母版"窗口，如图 5-32 所示。此时在左窗格中以树形结构显示幻灯片母版的缩略图，其中不同的树代表应用不同主题的幻灯片母版，树根为"主母版"，树枝为"版式母版"。当鼠标指针放在幻灯片母版缩略图上时，可以显示该母版已被应用于哪些幻灯片。

2）在"主母版"中设置幻灯片的共性内容，如文本及对象格式、占位符格式及位置、主题和背景等。设置方法与在普通视图中的设置方法一样。

3）在"版式母版"中设置幻灯片的个性内容。在统一风格后，为了使演示文稿的外观

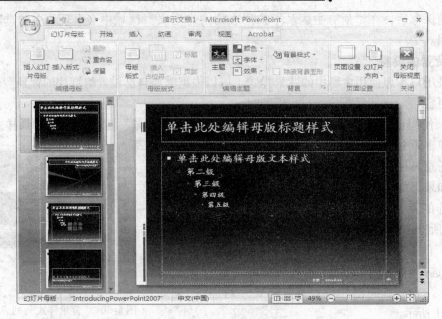

图5-32 "幻灯片母版"窗口

样式更丰富,可以单击"母版版式"组中的"插入占位符"下拉按钮,从弹出的下拉列表中选择相应的占位符,将其插入到幻灯片中来改变幻灯片的版式,或者通过"编辑主题"组和"背景"组对幻灯片的主题和背景进行修改。

(2)讲义母版的设置 讲义主要用于打印输出,供听众在会议中使用,设置方法如下。

1)在"视图"选项卡的"演示文稿视图"组中单击"讲义母版"按钮,打开"讲义母版"选项卡,如图5-33所示。

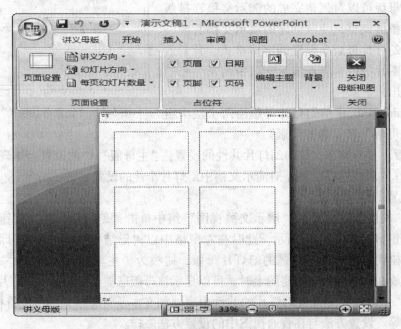

图5-33 "讲义母版"窗口

144

2）通过"页面设置"组中的"每页幻灯片数量"下拉按钮，设置每页纸上打印的幻灯片的张数和位置。

3）在页眉和页脚区中，用户可以直接在其中输入相应的内容。

4）在"背景"组与"编辑主题"组中，用户可以设置讲义的背景和主题，方法和在普通视图下对幻灯片的设置一样。

5）讲义母版设置完成后，单击"关闭母版视图"按钮，退出讲义母版的编辑。

（3）备注母版的设置　备注页同样应用于打印输出，便于听众参考。备注页的设置主要在"备注母版"选项卡中进行。在"视图"选项卡中的"演示文稿视图"组中单击"备注母版"按钮，用户可以打开"备注母版"窗口，如图 5-34 所示。在这里可以对备注页的页面、占位符、主题和背景进行设置。

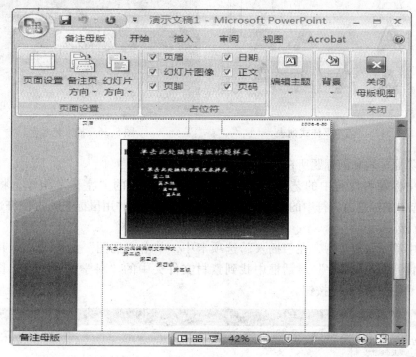

图 5-34 "备注母版"窗口

5.4 幻灯片的高级编辑

5.4.1 实训案例

对 5.3 节案例中的演示文稿进行如下操作：

1）将第一张幻灯片中的文字换成艺术字，并进行相应设置。

2）在第三张幻灯片中插入图片，并调整其大小。

1. 案例分析

本案例主要涉及以下知识点。

1）在幻灯片中插入艺术字并对其进行设置。

2）在幻灯片中插入图片并对其进行设置。

2. 实现步骤

1）打开 5.3 节案例中的演示文稿，选中第一张幻灯片中的标题文字。

2）在"插入"选项卡中，选择"文本"组中的"艺术字"下拉按钮，如图 5-35 所示。在下拉列表中选择第 2 行第 5 列位置的艺术字样式，则幻灯片中插入该艺术字样式的标题。同样方法插入艺术字样式为第 4 行第 2 列样式的副标题，如图 5-36 所示。

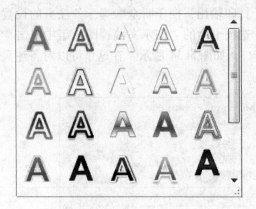

图 5-35　艺术字样式列表　　　　　　　　　　图 5-36　插入艺术字

3）删除原标题和副标题所在的占位符。

4）选中标题占位符中的艺术字，在"开始"选项卡的"字体"组中，将字号改为"60"。再选中副标题占位符中的文字，将字号改为"54"，并用鼠标拖动占位符边框，调整其尺寸和位置。

5）选中第三张幻灯片，在"插入"选项卡中，单击"插图"组中的"图片"命令按钮，从弹出的"插入图片"对话框中找到素材文件夹中的"科学实验 . jpg"图片，如图5-37所示。单击"插入"按钮。

图 5-37　"插入图片"对话框

6）在第三张幻灯片中，拖动"科学实验.jpg"图片周围的控制点，将其调整到合适的大小，如图5-38所示。

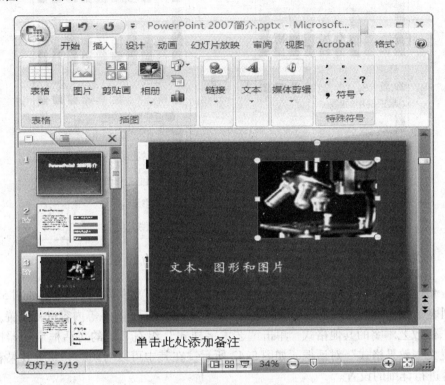

图5-38　调整图片大小和位置

5.4.2　艺术字的编辑

艺术字使文本在幻灯片中更加突出，能给幻灯片增加更加丰富的效果。

1. 艺术字的插入

选中要插入艺术字的幻灯片，单击"插入"选项卡，在其"文本"组中选择"艺术字"下拉按钮，在弹出的下拉列表中选择一种样式，即可在幻灯片中插入所需样式的艺术字，具体步骤见案例。

2. 艺术字的设置

若想对插入的艺术字作进一步的编辑，可先选中艺术字，单击"绘图工具"浮动选项卡的"格式"选项卡，通过"艺术字样式"组中的功能按钮完成相应的编辑操作。

（1）更改艺术字样式　单击"快速样式"栏中的下拉按钮，在弹出的列表中选择一种样式即可。

（2）更改艺术字的填充色　单击组内的"文本填充"下拉按钮，在弹出的颜色列表中选择合适的颜色即可，也可以选择列表最下方的渐变颜色或纹理进行填充，如图5-39所示。

（3）修改艺术字的轮廓　单击组内的"文本轮廓"下拉按钮，在弹出的颜色列表中选择合适的颜色作为艺术字的轮廓颜色。通过列表下方的"粗细"和"虚线"两个级联菜单可以设置艺术字的轮廓线型，如图5-40所示。

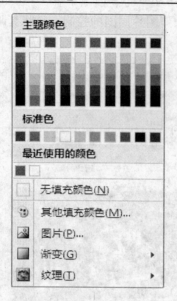

图 5-39 "文本填充"列表

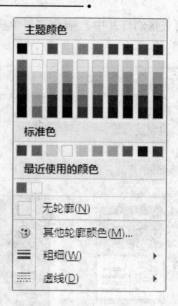

图 5-40 "文本轮廓"列表

（4）修改艺术字的艺术效果　单击组内的"文本效果"下拉按钮，弹出如图 5-41 所示的下拉列表，在其中可以对艺术字的阴影、发光、映像和三维效果等内容进行设置。

（5）修改艺术字的其他格式　单击"艺术字样式"组右下角的对话框启动器按钮，弹出"设置文本效果格式"对话框，如图 5-42 所示。在其中可以对阴影、三维效果和文字方向等内容进行详细的设置。

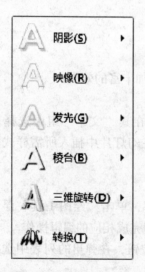

图 5-41 "文本效果"列表

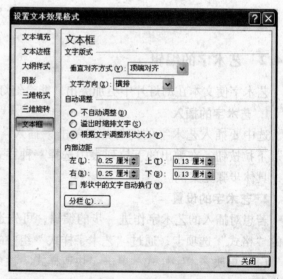

图 5-42 "设置文本效果格式"对话框

5.4.3　表格图片的编辑

1. 表格与图表的编辑

当幻灯片中的数据信息比较多时，如果只用文字很难表达清楚，而表格与图表可以将数据表达得更直观、更形象，利于观众理解数据之间的关系。

在 PowerPoint 2007 中，对表格及图表的各种操作与在 Word 2007 中的操作基本相同，具体方法参见 Word 相关章节。

2. 图片的插入

图片被广泛应用于各种类型的幻灯片中，是幻灯片制作非常重要的元素，它可以使幻灯片的内容更加丰富多彩、生动形象。在 PowerPoint 2007 中，图片主要包括程序自带的剪贴画和外部图片文件。

（1）剪贴画的插入

1）单击需要插入剪贴画的幻灯片。

2）在"插入"选项卡中，单击"插图"组中的"剪贴画"按钮，打开"剪贴画"任务窗格，如图 5-43 所示。单击所需图片即可完成插入操作。

3）若任务窗格中的剪贴画不能满足要求，则可单击任务窗格下方的"管理剪辑…"超链接，打开"剪辑管理器"窗口，如图 5-44 所示。在窗口左侧的"Office 收藏集"中选择所需的剪贴画类型，在窗口右侧用鼠标右键单击所需图片，从弹出的快捷菜单中选择"复制"命令。在幻灯片中单击鼠标右键，从弹出的快捷菜单中选择"粘贴"命令即可。

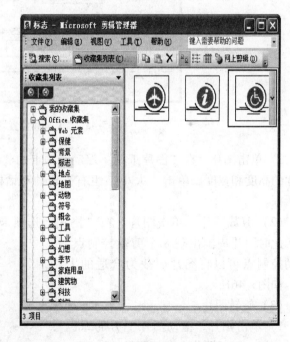

图 5-43 "剪贴画"任务窗格   图 5-44 "剪辑管理器"窗口

（2）外部图片的插入 具体步骤见"实训案例"。

3. 图片的设置

（1）调整图片的大小和位置

1）单击图片，利用图片周围的 8 个控制点，可以调整图片的大小，拖动图片的其他地方可以改变它的位置。

2）用鼠标右键单击图片，从快捷菜单中选择"大小和位置"命令，弹出"大小和位置"对话框，如图 5-45 所示。在"大小"和"位置"选项卡中分别设置图片的大小和位置属性。

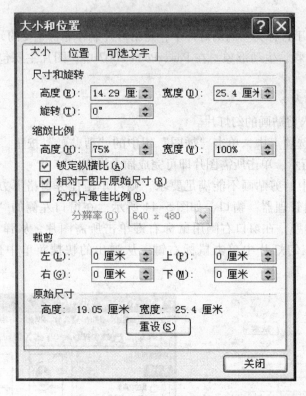

图 5-45 "大小和位置"对话框

3）单击图片，在"图片工具"浮动选项卡的"格式"选项卡中，"大小"组用于调整图片的高度和宽度。单击"大小"组右下角的对话框启动器，也可以弹出"大小和位置"对话框。

（2）剪裁图片 单击图片，在"格式"选项卡中，选择"大小"组里的"剪裁"按钮，此时图片周围出现 8 个剪裁控制点，拖动控制点可以将图片剪裁为合适的大小，如图5-46所示。

（3）旋转图片

1）单击图片，拖动图片上方的绿色旋转按钮，进行图片方向的调整。

2）单击"格式"选项卡中"排列"组的"旋转"下拉按钮，在下拉列表中选择相应的旋转角度进行设置。

（4）调整图片属性 首先选中要设置的图片，然后在"调整"组中可以对图片的亮度、对比度等属性进行设置。

图 5-46 图片剪裁

（5）设置图片样式　如果想要对图片添加边框等效果，可以通过"图片样式"组进行设置，如图5-47所示。在其中选择所需样式，即可将其应用于图片。若想对图片的形状、边框颜色及线型和三维效果等作进一步的修饰，可单击样式栏右侧的"图片形状"、"图片边框"和"图片效果"下拉按钮进行设置。

图5-47　"图片样式"组

（6）改变图片叠放顺序和图片组合　当幻灯片中含有多张图片时，可以通过"排列"组中的"置于顶层"和"置于底层"命令，调整图片的叠放顺序，如图5-48所示。

如果想要将多张图片组合成为一个整体，可以先选中需要组合的图片，然后单击"组合"下拉按钮中的"组合"命令即可。组合后的多张图片就如同一张图片一样，相对位置不会发生改变。

若需要修改其中某张图片，必须先单击"组合"下拉按钮中的"取消组合"命令，解除图片的组合，修改完后再重新组合。

图5-48　"排列"组

（7）对齐方式的设置　在幻灯片中插入的图片需要以某种对齐方式进行组织，其方法是选中图片，单击"对齐"下拉按钮，在下拉菜单中选择所需的对齐方式即可。

5.4.4　声音和影片的编辑

在幻灯片中除了可以插入图片、表格等元素，还可以插入声音和影片等多媒体元素，使听众在视觉和听觉上具有更直观的感受。

1. 声音的插入

1）单击需要插入声音的幻灯片。

2）在"插入"选项卡中，单击"媒体剪辑"组中的"声音"下拉按钮，打开下拉列表，如图5-49所示。

3）在下拉列表中列出了插入声音的来源，从中选择声音的正确来源及位置，并将其插入。

4）插入操作完成后，将弹出如图5-50所示的对话框，单击"自动"按钮（声音会在切换到该幻灯片时自动播放）或者"在单击时"按钮（声音会在切换到该幻灯片并单击鼠标时播放），同时插入的声音以图标的形式出现在幻灯片中。

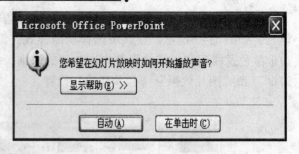

图 5-49　"声音"下拉列表　　　　　　　　　　图 5-50　播放方式对话框

2. 声音的设置

在插入声音之后，除了幻灯片中会出现声音的图标，PowerPoint 2007 窗口还会多出"图片工具"和"声音工具"两个浮动选项卡。其中，"图片工具"选项卡主要用于声音图标的设置，内容与图片编辑的内容相同；"声音工具"选项卡主要对插入的声音进行音量、循环播放和播放方式（单击播放还是自动播放）等内容的设置，如图 5-51 所示。

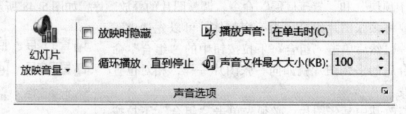

图 5-51　"声音工具"选项卡

3. 影片的插入

PowerPoint 2007 支持的影片文件类型包括 Windows Media 文件、Windows 视频文件、影片文件、Windows Media Video 文件、动态 GIF 文件和 MPEG 格式的电影文件。在幻灯片中插入影片的具体步骤如下。

1）选择插入影片的幻灯片，使其成为当前幻灯片。

2）在"插入"选项卡中，单击"媒体剪辑"组中"影片"按钮，弹出如图 5-52 所示的"插入影片"对话框。

3）在"插入影片"对话框中找到需要插入的影片文件，单击"确定"按钮，此时影片文件便插入到幻灯片中。

4. 影片的设置

和插入声音一样，插入影片文件后，幻灯片中会出现影片的图标，PowerPoint 2007 窗口还会多出"图片工具"和"影片工具"两个浮动选项卡。其中，"图片工具"选项卡主要用于影片图标的设置；"影片工具"选项卡主要对插入的影片文件进行音量、循环播放、全屏播放和播放方式（单击播放还是自动播放）等内容的设置，如图 5-53 所示。

5.4.5　图形对象的编辑

1. 图形的插入

（1）自选图形的插入　自选图形包括一些基本的线条、矩形、圆形、箭头、星形、标

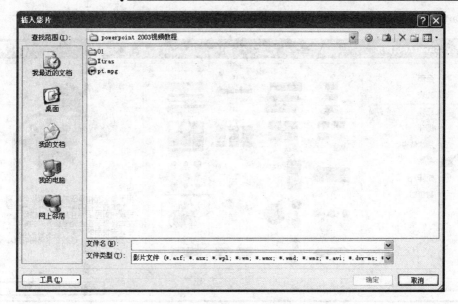

图 5-52　"插入影片"对话框

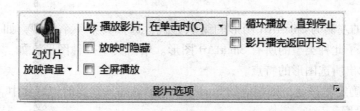

图 5-53　"影片工具"选项卡

注和流程图等图形，在幻灯片中绘制自选图形的步骤如下。

1）选中绘制自选图形的幻灯片，使其成为当前幻灯片。

2）在"插入"选项卡中，单击"插图"组中的"形状"下拉按钮，弹出如图 5-54 所示的下拉列表，其中列出了基本的线条、形状和流程图等图形，从中选择需要的图形。

3）在幻灯片需要绘制图形的范围内按住鼠标左键拖动鼠标，然后松开，此时在幻灯片中出现所绘制的图形。

（2）SmartArt 图形的插入　利用 SmartArt 图形，用户可以轻松地绘制出各种组织结构及流程图，将要点转变成图形，让抽象的事物更直观可见。在幻灯片中插入 SmartArt 图形可通过以下步骤实现。

1）选中绘制图形的幻灯片，使其成为当前幻灯片。

2）在"插入"选项卡中，单击"插图"组中

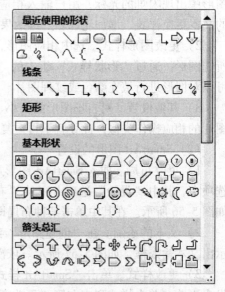

图 5-54　"形状"下拉列表

的"SmartArt"按钮，弹出如图 5-55 所示的"选择 SmartArt 图形"对话框。

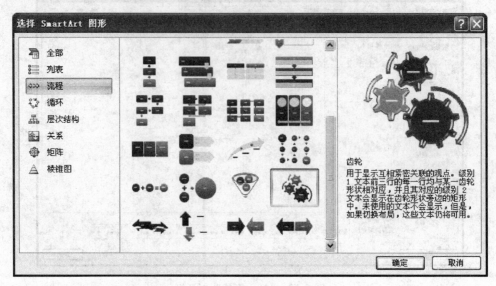

图 5-55 "选择 SmartArt 图形"对话框

3）对话框的左侧为 SmartArt 图形的组织方式，选择其中一个类型，如"流程"，则对话框中间就列出了此种类型的所有 SmartArt 图形。单击其中一种图形，如"齿轮"，则对话框的最右侧显示出所选图形的特点。

4）单击"确定"按钮，则相应的 SmartArt 图形就插入到当前幻灯片中。

2. 图形的设置

（1）自选图形的设置

1）添加文本。选中要添加文本的图形，在"绘图工具"浮动选项卡的"格式"选项卡中，单击"艺术字样式"组中的"文本填充"下拉按钮，在其中选择字体的颜色。此时在图形中出现闪烁的光标，用户输入相应文字即可。通过"艺术字样式"组还可以对所添加的文本更换样式、增加轮廓和三维效果等设置。

2）更改图形样式。选中相应图形，在"形状样式"组中单击某一样式便可将其应用于所选图形。通过"形状样式"组中的"形状填充"、"形状轮廓"和"形状效果"按钮，还可以对图形进行填充颜色或纹理图片、增加轮廓和改变三维样式的设置。

3）其他设置。对自选图形的大小、位置、对齐方式、旋转和叠放层次等内容的设置和图片的相应操作类似，此处就不再重复。

（2）SmartArt 图形的设置

1）更改布局。插入 SmartArt 图形后，PowerPoint 2007 窗口会出现"设计"和"格式"选项卡，其中"设计"选项卡中的"布局"组主要用于对 SmartArt 图形的布局进行更改，如图 5-56 所示。在其中单击某种布局即可应用于所选的 SmartArt 图形上。

2）文本的添加。在"创建图形"组中单击"文本窗格"按钮，则 SmartArt 图形就会显示出文本输入框，如图 5-57 所示。依次在文本输入框中输入相应文字即可。

3）更改样式。单击"SmartArt 样式"组中的某种样式，则相应 SmartArt 图形的样式便发生更改。单击样式列表左侧"更改颜色"下拉按钮，弹出如图 5-58 所示的下拉列表，在

图 5-56 "布局"组

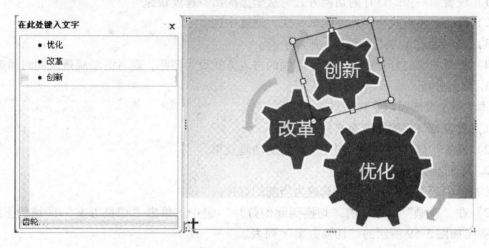

图 5-57 SmartArt 图形的文本窗格

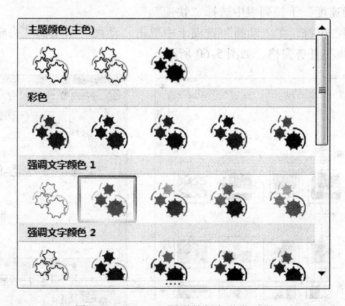

图 5-58 SmartArt 图形的颜色方案列表

其中用户可以选择不同的配色方案对图形进行设置。

4）大小和位置。通过拖动 SmartArt 图形四周的控制点可以改变图形的大小，拖动控制点以外的图形部分可以改变图形的位置。

5.5 幻灯片的动态效果设置

5.5.1 实训案例

对 5.4 节案例中的演示文稿进行动画设置，具体要求如下。

1）设置第一张幻灯片的切换方式为从全黑淡出，速度快速。

2）标题进入方式为切入并闪烁一次，速度中速。

3）副标题进入方式为渐入，速度中速。

4）将第三张幻灯片中的图片和标题的进入方式设为擦除，两者的动画效果同时播放。

1. 案例分析

本案例主要涉及以下知识点。

1）设置幻灯片的切换方式。

2）设置幻灯片中文本、图片等对象的动画效果。

2. 实现步骤

1）选中第一张幻灯片，使其成为当前幻灯片。

2）在"动画"选项卡的"切换到此幻灯片"组中，单击"切换方案"区域的下拉按钮，弹出如图 5-59 所示的"切换方案"列表。

3）在列表中选择"淡出和溶解"组的"从全黑淡出"切换效果。

4）在"切换速度"下拉列表中选择"快速"。

5）单击标题占位符，在"动画"选项卡中单击"动画"组里的"自定义动画"按钮，打开"自定义动画"任务窗格，如图 5-60 所示。

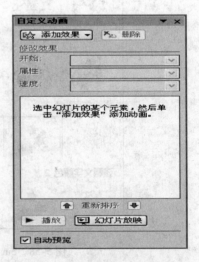

图 5-59 "切换方案"列表　　　　　图 5-60 "自定义动画"任务窗格

6）在"自定义动画"任务窗格中单击"添加效果"按钮，在弹出的菜单中选择"进入"→"其他效果"命令，打开"添加进入效果"对话框，如图 5-61 所示。在其中选择"切入"效果，然后单击"确定"按钮。在"自定义动画"任务窗格中的"速度"下拉列表中选择"中速",如图 5-62 所示。同样方法添加标题的"闪烁"效果。

7)重复步骤6),设置副标题的进入方式为渐入,速度为中速。

8)选中第三张幻灯片中的图片,在"添加进入效果"对话框中选择"擦除"效果,单击"确定"按钮。同样方法设置标题进入方式也为"擦除"效果。

9)在"自定义动画"任务窗格中展开标题动画选项菜单,选择"从上一项开始"命令,调整标题动画与图片动画同时播放,如图 5-63 所示。

图 5-61 "添加进入效果"对话框

图 5-62 设置动画速度

图 5-63 设置播放时机

5.5.2 设置动画效果

使用 PowerPoint 2007 提供的动画功能,用户可以为幻灯片中的文字、图片、图形、表格、公式、艺术字以及声音、视频等各种对象设置动画效果,控制它们在幻灯片放映时显示的顺序和方式,以控制播放流程,突出重点并提高演示文稿的趣味性。

1. 套用动画方案

PowerPoint 2007 为对象的动画效果设置提供了几种方案,用户可以直接套用。具体步骤如下。

1)选中要添加动画效果的对象。

2)切换至"动画"选项卡,然后在"动画"组中展开"动画"下拉列表,如图 5-64 所示。

3)该列表中包含了 3 类常用的动画方案,用户可根据需要,直接套用 3 种类型中的某种动画方案。除此之外,还可以设置自定义动画。

图 5-64 "动画"下拉列表

2. 自定义动画的设置

(1)动画效果的添加

1)选择要设置动画的对象。

2）切换至"动画"选项卡，然后单击"动画"组中的"自定义动画"按钮，打开"自定义动画"任务窗格。

3）单击任务窗格中"添加效果"下拉按钮，弹出其下拉列表，在下拉列表中选择一种动画效果进行设置。

若要使文本或对象在放映时以某种效果进入幻灯片，则选择"进入"类型中的某种效果；若要为幻灯片上的文本或对象添加某种强调效果，则选择"强调"类型中的某种效果；若要为文本或对象添加某种效果以使其在某一时刻离开幻灯片，则选择"退出"类型中的某种效果。若要使文本或对象在放映时以特定路径进行移动，则选择"动作路径"中的某种效果。

为所选文本或对象添加了动画效果后，在任务窗格的动画列表中会显示出所有添加到该对象的动画效果。

（2）动画效果的设置

1）更改或删除已有的动画效果。在"自定义动画"任务窗格的动画列表中，选择已添加的动画效果，"添加效果"按钮就会变为"更改"按钮。单击该按钮，从下拉列表中选择其他效果，可以更改选定的动画效果。若单击"删除"按钮则可以删除选定的动画效果，如图 5-65 所示。

2）设置开始方式。在"开始"下拉列表框中选择设置启动动画效果的方式，主要有"单击时"、"之前"、"之后"3 种，如图 5-66 所示。"单击时"为默认的动画触发方式；"之前"选项为设置当前动画和前一动画同时发生；"之后"选项为设置当前动画发生在前一动画之后。

3）设置动画属性。当添加的动画为"强调"、"退出"和"动作路径"时，通过"属性"下拉列表可以设置动画进入时的"方向"、"显示比例"等属性，如图 5-67 所示。

4）设置播放速度。在"速度"下拉列表框中可以设置动画播放速度的快慢，如图 5-68 所示。

图 5-65　更改动画

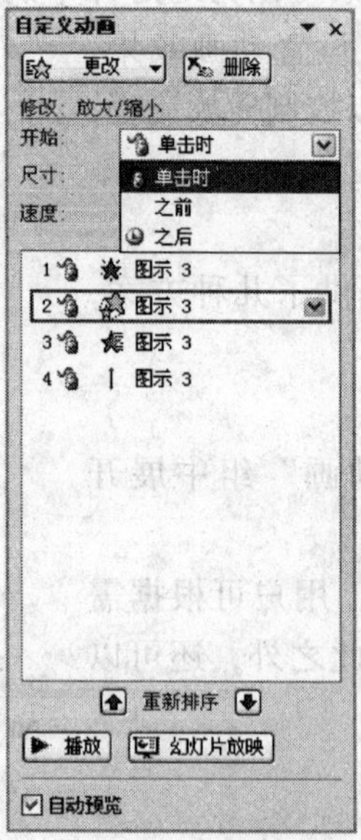

图 5-66　设置开始方式

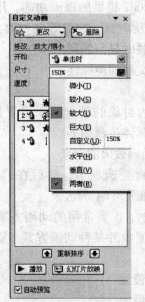

图 5-67　设置动画属性

图 5-68　设置播放速度

5）调整播放顺序。若要调整动画的播放顺序，只需在动画列表中，用鼠标向上或向下拖动相应动画至合适的位置，或者单击"重新排序"两边的上/下箭头即可，如图5-69所示。

6）设置效果选项。单击选定动画右边的下拉箭头，在下拉列表中选择"效果选项"命令，打开如图5-70所示的对话框。"效果"选项卡：设置动画的属性、动画放映时的声音和动画播放后的效果等；"计时"选项卡：设置动画的开始方式、延迟时间、速度快慢以及重复播放的次数等；"正文文本动画"选项卡：设置文本的放映方式，主要有"作为一个对象"、"所有段落同时"或"按照某级段落"。

图5-69　调整播放顺序　　　　　　　　　　图5-70　"效果选项"对话框

7）编辑动作路径。在幻灯片中选中需要编辑顶点的动作路径控制线，单击鼠标右键，弹出如图5-71所示的快捷菜单。从快捷菜单中选择"编辑顶点"命令，此时在路径控制线上出现编辑顶点。将鼠标指针指向某个编辑顶点，按住鼠标左键，将其拖动到合适的位置释放鼠标即可。

如果要添加编辑顶点，则用鼠标右键单击路径控制线，从弹出的快捷菜单中选择"添加顶点"命令即可。编辑完成之后，在控制线之外的任意位置单击鼠标，即可退出路径顶点的编辑状态。

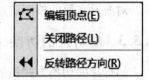

图5-71　编辑动作路径

3. 绘制与设置动作按钮

1）选择需要绘制按钮的幻灯片为当前幻灯片。

2）切换到"插入"选项卡，在"插图"组中单击"形状"下拉按钮，在列表中选择动作按钮中的"开始"按钮。

3）在幻灯片的合适位置单击，弹出"动作设置"对话框，如图5-72所示。若用户想单击动作按钮时跳转到某张幻灯片，则选择"超链接到"单选按钮，在其下拉列表中选择相应的幻灯片；若想单击动作按钮时运行某个应用程序，则选择"运行程序"单选按钮，单击"浏览…"按钮从中选择程序的可执行文件；若想通过动作按钮控制幻灯片中插入的声音或影片，则选择"无动作"单选按钮。这里以动作按钮控制影片为例进行设置。

4）单击插入的影片对象，在"自定义动画"任务窗格中，单击"添加效果"→"影片操作"→"播放"。

5）在动作列表中，单击"播放"动作的下拉按钮，从中选择"效果选项"，弹出"播放影片"对话框。

6）单击"计时"选项卡中的"触发器"按钮，选择"单击下列对象时启动效果"下拉列表框中的"动作按钮：开始"，如图5-73所示。然后单击"确定"按钮。

图5-72 "动作设置"对话框

图5-73 "触发器"设置

7）用类似方法添加"结束"和"暂停"按钮。

添加完动作按钮，用户在放映幻灯片时就可以通过按钮来控制影片的播放、暂停和结束，对演示文稿的控制更加从容。

5.5.3　幻灯片的切换

幻灯片的切换方式指的是演示文稿在放映时，从一个幻灯片转换到另一个幻灯片时屏幕显示的变化情况。为幻灯片添加、设置切换效果，可以使幻灯片的转换过程显得更加自然、顺畅，同时独特的切换效果也能够加强对观众注意力的吸引。

1. 设置切换效果

幻灯片切换效果的设置步骤具体参见"实训案例"的1）~4）步操作。

2. 设置切换声音

在"切换到此幻灯片"组中单击切换声音下拉按钮，在声音列表中选择一种声音，即可在上一张幻灯片过渡到当前幻灯片时播放该声音。

3. 设置切换方式

系统默认的换片方式为手动切换，即"单击鼠标时"。若希望幻灯片自动切换，则可以选择"在此之后自动设置动画效果"复选框，并设置自动切换的时间间隔，如图5-74所示。

图5-74　设置幻灯片切换方式

5.6　演示文稿的放映与打印

5.6.1　实训案例

播放5.5节案例中的演示文稿，使其从第三张幻灯片开始顺序放映，最后以纯黑白的样式打印备注页。

1. 案例分析

本案例主要涉及以下知识点。

1）从指定页放映演示文稿。

2）按备注页打印演示文稿。

2. 实现步骤

1）打开演示文稿。

2）在幻灯片窗格中选中第三张幻灯片。

3）单击"幻灯片放映"选项卡，在"开始放映幻灯片"组中单击"从当前幻灯片开始"按钮，则演示文稿从第三张幻灯片开始顺序放映。

4）放映结束后，单击"Office 按钮"图标，从其下拉菜单中选择"打印"命令，弹出"打印"对话框，在"打印内容"下拉列表里选择"备注页"，在"颜色/灰度"中选择"纯黑白"，单击"确定"按钮进行打印。

5.6.2　演示文稿的放映设置

制作完演示文稿的内容、动画和切换方式后，最后一步便是演示文稿的放映。在放映时，为了达到较好的演示效果，需要对演示文稿进行放映设置，主要内容包含以下几方面。

1. 创建自定义放映

通过"自定义放映"的创建，可以将演示文稿中的幻灯片进行不同的组合，从而在同一个演示文稿中，能够针对不同的听众放映不同的幻灯片。创建"自定义放映"的具体步骤如下。

1）选择"幻灯片放映"选项卡，在"开始放映幻灯片"组中单击"自定义幻灯片放映"下拉按钮，从弹出的下拉列表中单击"自定义放映"按钮，弹出如图5-75所示的对话框。在该对话框中可以对已建立的某个自定义放映进行"编辑"、"删除"和"复制"等操作。

2）单击对话框中的"新建"按钮，弹出如图 5-76 所示的"定义自定义放映"对话框。

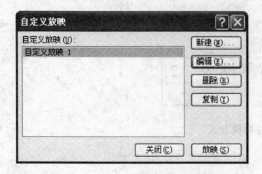

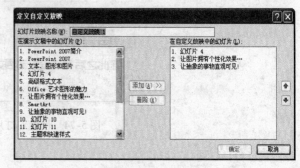

图 5-75 "自定义幻灯片放映"对话框　　　　图 5-76 "定义自定义放映"对话框

3）在"在演示文稿中的幻灯片"区域中，选择需要放映的幻灯片的标题，并单击"添加"按钮将其添加到"在自定义放映中的幻灯片"区域中，在这里可以对所选幻灯片进行放映顺序的调整，如果想取消某张幻灯片的放映，还可以将其从这个区域删除。

4）重复步骤 3），直至添加完所有需要放映的幻灯片。

5）在"幻灯片放映名称"文本框中输入自定义放映的名称，单击"确定"按钮，返回"自定义放映"对话框。

6）单击该对话框中的"放映"按钮，将看到定义放映的幻灯片。

2. 设置放映方式

在"幻灯片放映"选项卡的"设置"组中单击"设置幻灯片放映"按钮，弹出"设置放映方式"对话框，如图 5-77 所示。

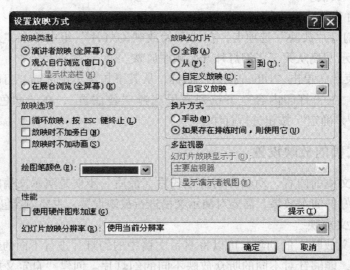

图 5-77 "设置放映方式"对话框

在"放映类型"区域中有 3 种类型可供选择。

（1）演讲者放映（全屏幕）　系统默认的播放方式，多用于讲课、作学术报告等场合，供演讲者自行播放演示文稿。

（2）观众自行浏览（窗口）　它是一种较小规模的幻灯片放映方式。在放映时，演示文稿会出现在一个可缩放的窗口中。在此窗口中观众不能用鼠标来切换播放的幻灯片，但可以通过滚动条下方的"下一张幻灯片"按钮 或 "上一张幻灯片"按钮来浏览所有幻灯片。

（3）在展台浏览（全屏幕）　它是一种自动运行放映演示文稿的方式，不能用鼠标激活任何菜单，放映只能依赖计时方式来切换幻灯片，放映结束后自动返回第一张重新放映，直至按 <Esc> 键结束放映。

在"放映选项"区域中，可以进行以下内容的设置。

1）循环放映，按 <Esc> 键终止。该设置会使幻灯片连续循环播放，直至按 <Esc> 键结束。

2）放映时不加旁白。在幻灯片放映中不播放任何旁白声音。

3）放映时不加动画。在幻灯片放映过程中不带动画效果，适合快速浏览。

4）绘图笔颜色。在幻灯片放映过程中添加墨迹注释时的绘图笔颜色。

在"放映幻灯片"区域中，可以设置放映全部幻灯片或者有选择地进行播放。

在"换片方式"中，如果想通过单击鼠标或键盘进行切换，则选择"手动"，否则选择另一个单选按钮。

3. 幻灯片放映

在计算机上放映演示文稿的操作方法有如下两种。

（1）使用功能区按钮

1）打开拟放映的演示文稿。

2）单击"幻灯片放映"选项卡，在"开始放映幻灯片"组中单击"从头开始"按钮，则演示文稿从第一张幻灯片开始顺序播放。若单击"从当前幻灯片开始"按钮，则演示文稿从当前所选幻灯片开始播放。

（2）使用视图栏按钮

1）打开拟放映的演示文稿。

2）单击"视图栏"中的"幻灯片放映"按钮 🖵，则无论演示文稿处于何种视图下，总是从当前的幻灯片开始放映。

在幻灯片放映过程中，用户可以单击"幻灯片放映"视图左下角的一个隐约可见的按钮，或者直接用鼠标右键单击幻灯片放映视图的任意处就可打开"控制放映"菜单。在"控制放映"菜单中，可以对幻灯片进行翻页、定位、自定义播放以及为幻灯片添加墨迹注释等操作。

5.6.3　演示文稿的打印

演示文稿除了在本地计算机上播放外，还可以对其进行打印输出。在打印演示文稿之前，为了达到预想的效果，一般要进行页面和打印参数的设置。

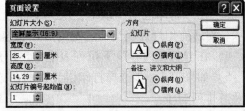

图 5-78　"页面设置"对话框

1. 页面设置

1）在"设计"选项卡的"页面设置"组中单击"页面设置"按钮，弹出"页面设置"对话框，如图5-78所示。

2）在"幻灯片大小"下拉列表框中选择相适应的大小和纸张，也可以通过宽度和高度两个微调框定义幻灯片的大小。

3）在"幻灯片编号起始值"微调框中输入幻灯片的起始编号。

4）在"方向"组中可以设置幻灯片、讲义、备注和大纲以纵向或横向进行显示。

2. 打印参数设置

页面设置完成之后，就可以对打印机、打印份数及打印范围等参数进行设置，具体步骤如下。

1）单击"Office 按钮"图标，从其下拉列表中选择"打印"命令，弹出如图 5-79 所示的"打印"对话框。

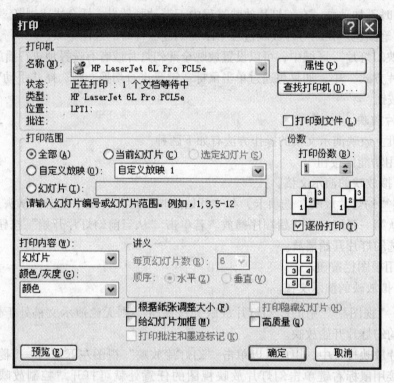

图 5-79 "打印"对话框

2）在"名称"下拉列表框中选定所使用的打印机。

3）在"打印范围"组中，从"全部"、"当前幻灯片"、"幻灯片"等单选按钮中选定一项，对所有幻灯片、当前选定幻灯片和连续或不连续的多张幻灯片进行打印。

4）在"打印内容"下拉列表框中，用户可以选择打印幻灯片、讲义、备注页或大纲。

5）如果第 4）步选择打印讲义，则在"讲义"组中，可以设置每页纸中打印几张幻灯片及其排列顺序。

6）在"份数"组中确定需要打印的份数。

7）单击"确定"按钮，将幻灯片送到打印机进行打印输出。

第6章 计算机网络基础与简单应用

6.1 计算机网络基础知识

计算机技术与通信技术的飞速发展，成就了今天的网络世界。人们的生活、工作、学习与沟通方式越来越依赖于计算机网络，它已渐渐成为人们生活的一部分。计算机网络从产生到今天的辉煌只经历了几十年的历程，它将继续发展变化，掌握计算机网络的基本知识，了解计算机网络的成长经历，在学习中不断提高对计算机网络的认识，使网络技术真正成为我们攀登科学高峰的一个锐利武器。

6.1.1 计算机网络的发展与定义

1. 计算机网络的发展

第1代计算机网络实际上是以单个计算机为中心的远程联机系统。1946年世界上第一台数字电子计算机诞生，当时的计算机是以"计算中心"的服务模式来进行工作的，计算机技术和通信技术并没有什么关系。直到1954年，一种能将数据发送并将数据接收的终端设备被制造出来后，人们才首次使用这种终端设备通过电话线路将数据发送到远方的计算机，计算机和通信技术开始结合。

第2代计算机网络是多台主机通过通信线路连接起来为用户提供服务，产生所谓计算机–计算机网络，这种计算机网络于20世纪60年代后期开始兴起。

第3代计算机网络是开放式标准化网络。1984年ISO正式颁布开放系统互联参考模型（ISO/OSI）；而从1983年被美国国防部正式规定为其网络的同一标准起，TCP/IP逐步发展成为事实上的国际标准。计算机开始与通信结合，计算中心的服务模式逐渐让位于计算机网络的服务模式。实践表明，计算机网络的产生与发展，对人类社会的发展产生了深远的影响。

2. 计算机网络的定义

1970年在美国信息处理学会上给出了计算机网络最初的定义，把计算机网络定义为"用通信线路互连起来，能够相互共享资源（硬件、软件和数据等），并且各自具备独立功能的计算机系统的集合"。这一定义目的是为了实现资源共享。

随着分布式处理技术的发展，为了强调用户的透明性，即用户感觉不到多个计算机存在，把计算机网络定义为"使用一个网络操作系统来自动管理用户任务所需的资源，使整个网络像一个大的计算机系统一样对用户是透明的"。如果不具备这种透明性，需要用户熟悉资源情况，确定和调用资源，则认为这种网络是计算机通信网而不是计算机网络。

目前通常采用的计算机网络定义是：计算机网络是用通信线路将分散在不同地点并具有独立功能的多台计算机系统互连，按照网络协议实现远程信息处理，并实现资源共享的信息系统。网络协议是区别计算机网络与一般计算机互连系统的重要标志。

6.1.2 计算机网络的分类

由于计算机网络自身的特点，对其划分也有多种形式。下面介绍几种常见的分类。

1. 按网络覆盖的地理范围分类

（1）局域网 通常安装在一个建筑物内或一群建筑物内，其规模相对较小，通信线路不长，距离在几十米至数千米，采用单一的传输介质。

（2）城域网 通常覆盖一个地区或一个城市，地域范围为几十千米至数百千米。城域网通常采用不同的硬件、软件和通信传输介质来构成。

（3）广域网 广域网又称为远程网，能跨越大陆、海洋，甚至形成全球性的网络。广域网使用的主要技术为存储转发技术。

（4）接入网 又称为本地接入网或居民接入网，是局域网和城域网之间的桥接区。接入网提供多种高速接入技术，使用户接入到 Internet 的瓶颈得到某种程度上的解决。局域网、城域网、广域网、接入网的关系如图6-1所示。

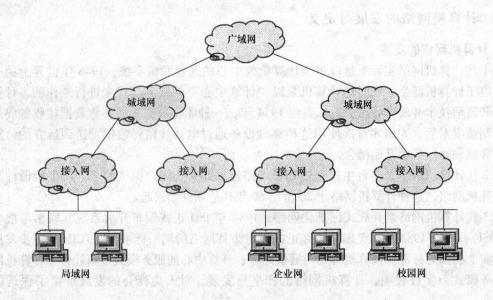

图6-1 各种地理范围的网络之间的关系

2. 按网络的使用者分类

（1）公用网 一般由国家机关或行政部门组建，供大众使用的网络，如电信公司建设的各种公用网，就是为所有用户提供服务的。

（2）专用网 由某个单位或公司组建的，专门为自己服务的网络，如军用部门、铁路部门和电力部门的计算机网络等属于专用网。

3. 按传输介质分类

（1）有线网 传输介质采用有线介质连接的网络称为有线网，常用的有线传输介质有双绞线、同轴电缆和光纤。

（2）无线网 采用无线介质连接的网络称为无线网。目前无线网主要采用3种技术：

微波通信、红外线通信和激光通信。这 3 种技术都是以大气为介质的。其中，微波通信用途最广，目前的卫星网就是一种特殊形式的微波通信，它利用地球同步卫星作中继站来转发微波信号，一个同步卫星可以覆盖地球的三分之一以上表面，3 个同步卫星就可以覆盖地球上全部通信区域。

4. 按拓扑结构分类

按拓扑结构分类，可分为总线型、星形、环形、树形和网状形（详细内容见 6.1.4 节）。

5. 按网络交换功能分类

按网络交换功能分类，可分为线路交换网络、报文交换网络、分组交换网络和混合交换网络。

6.1.3　计算机网络的功能

计算机网络是一个复合系统，它是由各自具有自主功能而又通过各种通信手段链接起来以便进行信息交换、资源共享或协同工作的计算机组成的。计算机网络的功能是为用户提供交流信息的途径，提供人机通信手段，让用户可以进行远程信息处理，也可以在本地跨地域共享资源。

1. 资源共享

资源包括硬件资源（如大型存储器、外设等）、软件资源（如语言处理程序、服务程序和应用程序）和数据信息（包括数据文件、数据库和数据库软件系统）。资源共享是指在网络上的用户可以部分或全部地享受这些资源，从而大大提高系统资源的利用率。

2. 信息传送与集中处理

信息传送可用来实现计算机与终端或别的计算机之间各种数据信息的传输。利用这一功能，对地理位置分散的生产单位或业务部门，可通过计算机网络连接起来进行集中的控制与管理。

3. 均衡负荷与分布处理

网络中的计算机一旦发生故障，它的任务就可以由其他的计算机代为处理，这样网络中的各台计算机可以通过网络彼此互为后备机，系统的可靠性大大提高。当网络中的某台计算机任务过重时，网络可以将新的任务转交给其他较空闲的计算机去完成，也就是均衡各计算机的负载，提高每台计算机的可用性。对于大型的综合问题，通过一定的算法可以将任务交给不同的计算机来完成，从而达到均衡使用网络资源，实现分布处理的目的。

4. 综合信息服务

计算机网络可以向全社会提供各种经济信息、科研情报和咨询服务。例如，Internet 中的 WWW 就是如此，ISDN 就是将电话机、传真机、电视机和复印机等办公设备纳入计算机网络中，向用户提供数字、语音、图形和图像等多种信息的传输。

6.1.4　计算机网络的拓扑结构

计算机网络的拓扑结构就是网络中通信线路和站点（计算机或设备）的几何排列形式。在计算机网络中，将计算机终端抽象为点，将通信介质抽象为线，形成点和线组成的图形，称此为网络拓扑图。任何一种网络系统都规定了它们各自的网络拓扑结构。通过网络之间的相互连接，可以将不同拓扑结构的网络组合起来，构成一个集多种结构为一体的互联网络。

1. 总线型拓扑结构

总线型拓扑结构采用一条公共总线作为传输介质，各个节点都接在总线上。总线的长度可使用中继器来延长。总线型拓扑结构如图6-2所示。

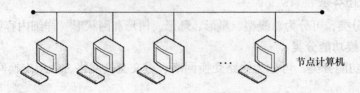

节点计算机

图6-2 总线型拓扑结构图

各个节点将依据一定的规则分时地使用总线来传输数据。发送节点发送的数据总是沿总线向两端传播，总线上各个节点都能接收到这个数据，并判断是否发送给本节点，如果是则保留数据，否则将数据丢弃。因为整个网络共用一条电缆，因此给任何一个节点的信号都必须在总线上传输，属于"广播式"传输。

● 优点：总线型网络结构简单、灵活，安装方便，易于扩充，成本低，是一种具有弹性的体系结构。

● 缺点：存在网络竞争，实时性较差，可靠性不高，易产生冲突问题，总线型网络的任何一点故障都会导致网络瘫痪。

2. 星形拓扑结构

星形拓扑结构也称为集中型结构，它由一个中心节点和分别与它单独连接的其他节点组成，任意两个节点的通信都必须通过这个中心节点。中心节点应具有数据处理和转接功能。星形拓扑结构如图6-3所示。

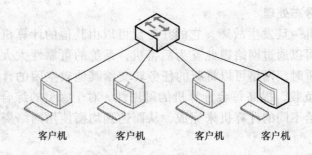

客户机　　　　客户机　　　　客户机　　　　客户机

图6-3 星形拓扑结构图

在星形结构的网络中，可采用集中式访问控制和分布式访问控制两种。

1）在基于集中式访问控制策略的网络中，中心节点既是网络交换设备又是网络控制器，由它控制各个节点的网络访问。一个端点在传送数据之前，首先向中心节点发出传输请求，经过中心节点允许后才能传送数据。

2）在基于分布式访问控制策略的网络中，中心节点主要是网络交换设备，采用存储——转发机制为网络节点提供传输路径和转发服务。另外，中心节点还可以根据需要将一个节点发来的数据同时转发给其他所有节点，从而实现"广播式"传播。

采用集中式控制，容易提供服务，容易重组网络；每个节点与中心点都有单独的连线，因此即便中心节点与某一节点的连线断开，也只影响该节点，对其他节点没有影响，即局部的连接失败并不影响全局。

● 优点：星形网络结构简单，容易建网，便于管理。节点故障容易排除、隔离。只要增加交换机，就可增加新的节点。

● 缺点：属于集中控制，对中心节点的依赖性很强，中心节点故障，则整个网络就会停止工作；通信线路利用率不高；中心节点负荷太重，网络可靠性较低。

3. 环形拓扑结构

环形拓扑结构又称为分散型结构，各个节点通过中继器连入网络，中继器之间通过点对点链路连接，使之构成一个闭合的环形网络，网络上的数据按照相同的方向在环路上传播。环形拓扑结构如图 6-4 所示。

发送节点发送的数据沿着环路单向传播，每经过一个节点，该节点要判断这个数据是否发送给本节点，如果是将数据复制，然后将原始数据继续传送给下一节点。数据遍历各个节点后，由发送节点将数据从环路上取下。

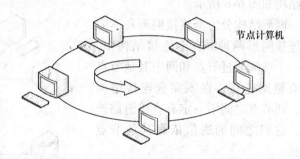

图 6-4　环形拓扑结构图

● 优点：结构简单，传输延时确定，网络覆盖面积较大，简化路径的选择控制，增加了网络的可靠性。

● 缺点：当一个节点出故障时，整个网络就不能工作；对故障的诊断困难，环路的维护和管理都比较复杂。

4. 树形拓扑结构

树形拓扑结构又称为分级的集中式网络，该结构中的任何两个用户都不能形成回路，每条通信线路必须支持双向传输。树形拓扑结构如图 6-5 所示。

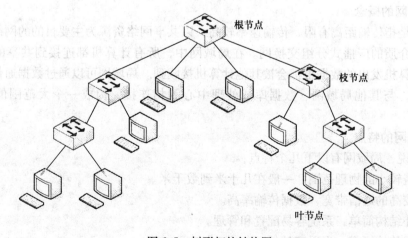

图 6-5　树形拓扑结构图

在这种网络中有一个根节点，根节点向下是枝节点和叶节点。树中低层计算机的功能和应用有关，一般都具有明确定义的和专业化很强的任务；而高层计算机具备通用功能，以便协调系统的工作，如数据处理、命令执行和综合处理等。

● 优点：每个链路支持双向传输，节点扩充方便灵活，可以较充分地利用计算机的资源。

● 缺点：当层次结构过多时，数据要经过多级传输，系统的响应时间较长，高层节点负荷较重。

5. 网形拓扑结构

网形拓扑结构是一种无规定的连接方式，其中每个节点均可能与任何节点相连。网形拓扑结构如图6-6所示。

网形结构分为全连接网形和不完全连接网形两种。在全连接结构中，每一个终端通过节点和网中其他节点均有链路连接；在不完全连接结构中，两节点之间不一定有直接链路连接，它们之间的通信依靠其他节点转接。

● 优点：节点之间路径较多，可减少碰撞和阻塞；可靠性高，局部故障不影响整个网络的正常工作。

● 缺点：网络机制复杂，必须采用路由选择算法和流量控制方法。

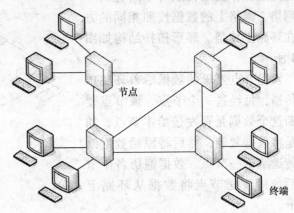

图6-6　网形拓扑结构图

6.2　局域网

6.2.1　局域网概述

1. 局域网的概念

局域网是指传输距离有限，传输速率较高，以共享网络资源为主要目的的网络系统。局域网是共享介质的广播式分组交换网。在局域网中，所有计算机都连接到共享的传输介质上，任何计算机发出的数据报都会被其他计算机接收到。局域网可以通过数据通信网或专用的数据电路，与其他局域网、数据库或处理中心等相连接，构成一个大范围的信息处理系统。

2. 局域网的特点

一般来说，局域网有以下几个特点：

1）覆盖较小的物理范围，一般在几十米到数千米。

2）有较高的通信带宽，数据传输率高。

3）拓扑结构简单，系统容易配置和管理。

4）数据传输可靠，误码率较低。

5）一般仅为一个单位或部门控制、管理和使用。

3. 局域网的组成

局域网由网络硬件和网络软件两部分组成。网络硬件用于实现局域网的物理连接，为连接在局域网上的计算机之间的通信提供物理信道和实现局域网间的资源共享。网络软件主要用于控制并具体实现信息的传送和网络资源的分配与共享。

局域网硬件设备包括网络服务器、网络工作站、网卡、交换机、路由器、防火墙、传输介质等。

网络软件包括网络系统软件和网络应用软件。网络系统软件是控制和管理网络运行、提供网络通信和网络资源分配的网络软件，包括网络操作系统、网络协议和网络通信软件等。网络应用软件是为应用目的开发并为用户提供实际应用功能的软件。

4. 局域网的类型

按照局域网配置可以将局域网分为对等网络模式和客户机/服务器（C/S）网络模式。

（1）对等网络模式　对等网络又称为工作组，网络中的所有计算机有相同的功能，地位平等，没有主从之分。任何一台计算机既可以作为服务器，设定共享资源供其他计算机使用，又可以作为工作站。对等网络实现简单，功能有限，只能实现简单的资源共享，安全性能较差。

（2）C/S网络模式　C/S是一种基于服务器的网络，网络中存在一台到多台服务器，用于控制和管理网络资源或提供各种网络服务。在 C/S 中，服务器是网络的核心，客户机是网络的基础，客户机依靠服务器获取网络资源。

6.2.2　简单局域网组网示例

要求：将 10 台使用 Windows XP 操作系统的计算机连接成一个简单的局域网。

1. 硬件组成

1）一台服务器和若干工作站。

2）10Mbit/s、100Mbit/s 或 10/100Mbit/s 自适应网卡。

3）若干长度的非屏蔽双绞线，端接头为 RJ-45。

4）交换机，根据需要可选择的接口数为 8、16、24、48 口。

2. 非屏蔽双绞网线制作

1）用压线钳上的剥线刀在距网线顶部 2cm 处绕线割一圈，将绝缘线剥下，露出 4 对双绞线（非屏蔽双绞线包括 4 对线，用不同颜色的塑料外套区分）。目前使用的信息接头有两种标准：T568A 和 T568B。

T568A 的排线顺序为绿白、绿、橙白、蓝、蓝白、橙、棕白、棕。

T568B 的排线顺序为橙白、橙、绿白、蓝、蓝白、绿、棕白、棕。

2）按照 T568B 的排线顺序将 8 条细线拢好，用剥线刀剪齐并插入到 RJ-45 接头中，尽量将芯线顶到接头的前端。

3）检查芯线的排列顺序正确后，将 RJ-45 接头插入压线钳中的压接槽，用力压紧即可。网线另一端做法相同。

3. 安装网卡并设置

以 PCI 网卡为例安装步骤如下。

1）将网卡插入主板的 PCI 插槽中固定好，装配好其他配件并用步骤 2）中的网线连接到交换机。

2）启动计算机后操作系统会自动检测到新硬件——网卡，可以根据向导完成网卡驱动程序的安装；也可以在 Windows 操作系统启动后打开"控制面板"窗口，双击"添加硬件"图标，根据"添加硬件向导"的提示完成网卡驱动程序的安装。

3）添加网络协议。

① 选择"开始"→"设置"→"控制面板"命令，在"控制面板"窗口中双击"网络连接"图标，出现"网络连接"对话框。

② 用鼠标右键单击"本地连接"图标，在弹出的快捷菜单中选择"属性"命令，显示如图 6-7 所示的"本地连接属性"对话框。

③ 在"常规"选项卡中单击"安装"按钮，将出现"选择网络组件类型"对话框，在网络组件列表中选择"协议"项，单击"添加"按钮，出现如图 6-8 所示的"选择网络协议"对话框。在该对话框中，用户可以根据需要选择网络协议

图 6-7 "本地连接属性"对话框

类型，单击"确定"按钮，则该类型的网络协议装入系统中。

4）设置 IP 地址。假设计算机地址信息配置如下：IP 地址为 192.168.0.1，子网掩码为 255.255.255.0，默认网关地址为 192.168.0.254，首选 DNS 服务器地址为 210.44.128.100，备用 DNS 服务器的地址为 218.56.57.58。

如上例，在 Windows XP 系统中配置 IP 地址的步骤如下。

① 在"本地连接属性"对话框的项目列表中选择"Internet 协议（TCP/IP）"单击"属性"按钮，显示出"Internet 协议（TCP/IP）属性"对话框，如图 6-9 所示。

② 选择"使用下面的 IP 地址（S）"单选按钮，在"IP 地址"文本框中输入 192.168.0.1；

图 6-8 "选择网络协议"对话框

在"子网掩码"文本框中输入 255.255.255.0；在默认网关文本框中输入 192.168.0.254。

③ 在"使用下面的 DNS 服务器地址"组中分别输入首选 DNS 和备用 DNS 服务器地址。

④ 单击"确定"按钮关闭对话框，使设置生效。

4. 总体设计

（1）网络规划 使用 Windows XP 操作系统，有许多连接计算机或创建网络的方法。对于当前示例局域网来说，可以使用交换机和双绞线连接成星形拓扑。除计算机外，其他硬件需要一个多余 8 端口的交换机、10 块 PCI 总线网卡。双倍于计算机总数的 RJ-45 接头以及

非屏蔽双绞线。

（2）布线　按照交换机和计算机的物理位置铺设 10 根双绞线，如果计算机分布在不同的房间，还需要考虑布线槽和信息插座，要求安排合理、美观。同一楼层不同房间的连接称为水平布线。楼层之间的连接称为垂直布线。布线完成后按照 T568B 的线序标准制作两端的 RJ-45 接头，双绞线的一端插入交换机的网络接口，另一端分别插入各计算机的网卡相应接口内。

（3）安装网卡驱动，设置网络协议　依次为 10 台计算机安装网卡驱动程序，安装完成后分别设置预先准备好的隶属于同一网段的 IP 地址。例如，设置计算机 IP 地址分别为 192.168.0.11 ~ 192.168.0.20，并设置子网掩码为 255.255.255.0。

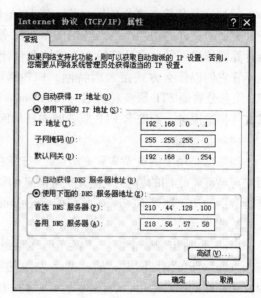

图 6-9　"Internet 协议（TCP/IP）属性"对话框

（4）测试局域网通信是否正常　网络配置好后，测试网络是否畅通的一个简单方法是通过网上邻居查找计算机，如果在当前计算机上能查找到其他计算机，则表示网络是通畅的。

6.3　简单的因特网应用

Internet 是通过路由器将世界不同地区、规模大小不一、类型不同的网络互相连接起来的网络，是一个全球性的计算机互联网络，音译为"因特网"，也称为"国际互联网"。因特网已经成为人们获取信息的主要渠道，人们习惯每天到一些感兴趣的网站上看看新闻、收发电子邮件、下载资料、与同事朋友在网上交流等。本节将介绍常见的一些简单的因特网应用和使用技巧。

6.3.1　网上漫游

1. 相关概念

（1）万维网　万维网（World Wide Web，WWW）是一种建立在因特网上的全球性的、动态的、多平台的、超文本超媒体信息查询系统，是因特网上发展最快和使用最广的服务。它使用超文本和链接技术，使用户能以任意的次序自由地从一个文件跳转到另一个文件，浏览或查阅各自所需的信息。

（2）超文本和超链接　超文本中不仅包含有文本信息，还可以包含图形、声音、图像和视频等多媒体信息，因此称之为"超"文本，更重要的是超文本中还包含指向其他网页的链接，这种链接称为超链接。在一个超文本文件里可以包含多个超链接，它们把分布在本地或远程服务器中的各种形式的超文本文件链接在一起，形成一个纵横交错的链接网。用户可以打破传统阅读文本时顺序阅读的老规矩，而自由跳转网页进行阅读。

（3）文件传输　文件传输（File Transfer Protocol，FTP）为因特网用户提供在网上传输各种类型的文件的功能，是因特网的基本服务之一。使用 FTP 可以在因特网上将文件从一台计算机传送到另一台计算机，不管这两台计算机位置距离多远，使用的是什么操作系统，也不管它们以什么方式接入因特网，FTP 都可以实现因特网上两个站点之间文件的传输。FTP 服务分普通 FTP 服务和匿名（Anonymous）FTP 服务两种。普通 FTP 服务向注册用户提供文件传输服务，而匿名 FTP 服务能向任何因特网用户提供核定的文件传输服务。

（4）浏览器

浏览器是用于浏览 WWW 的工具，安装在用户端的机器上，是一种客户机软件。它是用户与 WWW 之间的桥梁，把用户对信息的请求转换成网络上计算机能够识别的命令。目前最常用的浏览器是 Netscape 公司的 Navigator 和 Microsoft 公司的 Internet Explorer（IE）。

2. 浏览网页

启动 IE 后出现一个窗口，将光标移动到地址栏内输入网页地址，然后按 <Enter> 键，进入页面后即可浏览网页。某一 Web 站点的第一页称为主页或首页，主页上通常都设有类似目录一样的网站索引，表述网站设有哪些主要栏目、近期要闻或改动等。网页上还有很多链接，单击一个链接就可以从一个页面转到另一个页面，再单击新页面中的链接又能跳转到其他页面。依此类推，就可以沿链接前进。

在浏览中，还可以使用"主页"、"后退"、"前进"、"停止"、"刷新"等按钮。

1）单击"主页"按钮可以返回启动 IE 时默认显示的 Web 页。

2）单击"后退"按钮可以返回到上次访问过的 Web 页。

3）单击"前进"按钮可以返回单击"后退"按钮前浏览过的 Web 页，可以打开按钮旁边的下拉列表进行选择。

4）单击"停止"按钮可以终止当前的链接。

5）单击"刷新"按钮可以重新传送该页面的内容。

3. Web 页面的保存和阅读

（1）保存 Web 页

1）打开要保存的 Web 页。

2）单击"文件"→"另存为"命令，打开"另存为"对话框。

3）选择要保存文件的盘符和文件夹。

4）在文件名框内输入文件名。

5）在保存类型框中，根据需要可以从"Web 页，全部"、"Web 页，仅 HTML"、"文本文件"三类中选择一种。文本文件节省空间但只能保存文字信息，不能保存图片等多媒体信息。

6）单击"保存"按钮保存。

（2）打开已保存的 Web 页

1）在 IE 窗口上单击"文件"→"打开"命令，显示"打开"对话框。

2）在"打开"对话框中输入所保存的文件路径。

3）单击"确定"按钮，就可以打开指定 Web 页。

（3）保存图片文件

1）在图片上单击鼠标右键。

2）在弹出的菜单上选择"图片另存为"命令，单击打开"保存图片"对话框。

3）在对话框内选择要保存的路径，输入图片的名称。

4）单击"保存"按钮。

（4）保存音频等文件

1）在超链接文件上单击鼠标右键。

2）在弹出的菜单上选择"目标另存为"命令，单击打开"保存"对话框。

3）在对话框内选择要保存的路径，输入要保存的文件的名称。

4）单击"保存"按钮。

4. 收藏夹的使用

在网上浏览时，总希望将个人喜爱的网页地址保存起来，以备使用。IE 提供的收藏夹提供了保存 Web 页面地址的功能，而且收藏夹还有两个明显的优点。其一，收入收藏夹的网页地址可由浏览者给定一个简明的、便于记忆的名字，当鼠标指针指向此名字时，会同时显示对应的 Web 页地址，单击该名字便可转到相应的 Web 页，省去了输入地址的操作。其二，收藏夹的机理很像资源管理器，管理、操作都很方便。

个人收藏夹实际上就是文件夹，主要用来保存一些常用站点的地址，单击它们就可以快速地访问这些站点。

若要将正在浏览的网页添加到个人收藏夹，具体步骤如下。

1）单击工具栏中的"收藏夹"按钮，这时出现的"添加到收藏夹"对话框。

2）在"添加到收藏夹"对话框中输入收藏的名称，确定该网页要存放的文件夹，默认为"收藏夹"文件夹；若要对收藏的网页地址进行分类，可以单击"新建文件夹"按钮，在"收藏夹"文件夹下建立新的文件夹，将该网页地址存放在该文件夹下。

3）单击"确定"按钮即可。

6.3.2　网上信息的搜索

Internet 是一个巨大的全球性互联网，信息资源遍布世界各个站点，在如此浩瀚的信息海洋中提取自己感兴趣的内容简直是大海捞针。因此，Internet 上众多的信息搜索工具应运而生。

1. 搜索引擎

搜索引擎是某些网站免费提供的用于查找信息的程序，是一种专门用于定位和访问 Web 网页信息、获取用户希望得到的资源的导航工具。搜索引擎并不是即时搜索整个 Internet，搜索的内容是预先整理好的网页索引数据库。为保证用户搜索到最新的网页内容，搜索引擎的大型数据库会定时更新。用户通过搜索引擎的查询结果了解信息所处的站点，再通过单击超链接转接到自己所需的网页上。

当用户在搜索引擎中输入某个关键词（如计算机）并单击搜索后，搜索引擎数据库中所有包含这个关键词的网页都将作为搜索结果列表显示出来。用户可以自己判断需要打开哪些超链接的网页。

常用搜索引擎有百度（www. baidu. com）、新浪（www. sina. com）、搜狐（www. sohu. com）、雅虎（www. yahoo. com）等。

2. 下载文件

Internet 上有大量的免费软件、共享软件、技术报告等信息资料，十分有用。例如，某个软件在使用中发现问题，厂家往往开发一些"补丁"程序，供用户免费下载；又如，著名的杀毒软件瑞星，在发现一种新的病毒后，立即更新病毒数据库文件，用户免费下载后就实现了升级。

下载文件的方法依据所使用的工具可以分为两大类：用浏览器下载文件和使用专门工具下载文件。

（1）使用 IE 下载文件　使用 IE 直接下载文件的具体步骤如下。

1）启动 IE。

2）在 IE 的地址栏中输入要访问的 FTP 服务器地址。

3）逐级选择目录，直到出现所要的文件。

4）单击所要的文件，IE 会弹出"文件下载"对话框。其中询问用户如何处理此文件，这时用户有两种选择。如果只打算大概看看文件，可选择"在文件的当前位置打开"按钮；如果要下载，则选择"将该文件保存到磁盘"按钮。

5）单击"确定"按钮后，在出现的"另存为"对话框中输入存放文件的位置和名字。一般情况下文件名不必修改。

6）单击"保存"按钮，则开始下载。

（2）使用专门的下载工具软件　以上讲述的通过浏览器下载文件的方法简单易用，但在实际应用中，有一个致命的缺陷，就是不支持断点续传。也就是说，如果下载文件已经完成了 99%，但由于通信线路故障，被迫中断，则前功尽弃，下次还要从头开始（下次还可能发生这样的问题）。因此，只能用浏览器下载小软件，大软件包必须用支持断点续传的下载工具软件。

目前常用的下载工具软件有 FlashGet、GetRight、GuteFTP、WSftp、AbsoluteFTP、FTPExplore、Crytal FTP、NetVampire、NetAnts、迅雷等。

6.3.3　电子邮件

电子邮件（E-mail）是利用计算机网络的通信功能实现信件传输的一种技术，是 Internet 上使用最广泛的一种服务。由于电子邮件通过网络传送，实现了信件的收、发、读、写的全部电子化，不但可以收发文本，还可以收发声音、影像，具有方便、快速、不受地域或时间限制、费用低廉等优点，很受广大用户欢迎。

1. 电子邮件收发

电子邮件系统由邮件服务器端与邮件客户端两部分组成，邮件服务器包括接收邮件服务器和发送邮件服务器。

当用户发出一份电子邮件时，邮件首先被送到收件人的邮件服务器，存放在属于收件人的电子信箱里。所有的邮件服务器都是 24h 工作，随时可以接收或发送邮件，发信人可以随时上网发送邮件，收件人也可以随时连通 Internet，打开自己的信箱阅读信件。由此可知，在 Internet 上收发电子邮件不受地域或时间的限制，双方的计算机并不需要同时打开。

2. 电子邮件地址

和通过邮局寄发邮件应写明收件人的地址类似，使用 Internet 上的电子邮件系统的用户首先要有一个电子信箱，每个电子信箱应有一个唯一可识别的电子邮件地址。任何人可以将电子邮件投递到电子信箱中，而只有信箱的主人才有权打开信箱，阅读和处理信箱中的邮件。

电子邮件地址的统一格式为

收件人邮箱名@邮箱所在的主机域名

它由收件人用户标识（如姓名或缩写），字符"@"（读作"at"）和电子信箱所在计算机的域名3个部分组成，地址中间不能有空格或逗号。例如，abc@sina.com 就是一个名为 abc 的用户在新浪的邮箱。

3. 电子邮件格式

电子邮件都有两个基本部分：信头和信体。信头相当于信封，信体相当于信件内容。

（1）信头　信头中通常包括如下几项。

收件人：收件人电子邮件地址。多个收件人地址之间用分号（;）隔开。

抄送：表示同时可接到此信的其他人的电子邮件地址。

主题：类似一本书的章节标题，它概括描述信件内容的主题，可以是一句话或一个词。

（2）信体　信体就是希望收件人看到的正文内容，有时还可以包含有附件，如照片、音频、文档等文件都可以作为邮件的附件进行发送。

6.3.4　即时通信软件

即时通信（IM）软件有时称为聊天软件，它可以在 Internet 上进行即时的文字信息、语音信息、视频信息、电子白板等方式的交流，还可以传输各种文件。在个人用户和企业用户的网络服务中，即时通信起到了越来越重要的作用。即时通信软件分为服务器软件和客户端软件，用户只需要安装客户端软件即可。

即时通信软件非常多，常用的客户端软件主要有腾讯公司的 QQ 和 Microsoft 公司的MSN。QQ 是深圳腾讯计算机系统有限公司开发的一款即时通信客户端软件，它是 Internet 的中文即时通信软件。通过 QQ 可以实现与好友的文字、语音和视频即时交流，QQ 还具有网上寻呼、手机短信服务、聊天室、语音邮件、视频电话等功能。

6.4　计算机网络安全与防护

6.4.1　计算机网络安全概述

随着计算机技术的飞速发展和 Internet 的广泛普及，计算机网络已经成为社会发展的重要保障。由于计算机网络涉及政府、军事、文教等诸多领域，存储、处理和传输多种信息，有些信息性质涉密甚至是国家机密，无可避免受到一些别有用心的人的攻击。计算机网络安全正随着全球信息化程度的加深变得日益重要。

一个常见的网络安全策略模型是 PDRR 模型。PDRR 模型是指 Protection（防护）、Detection（检测）、Response（响应）、Recovery（恢复）。这 4 个部分构成了一个动态的安全周期，如图 6-10 所示。

首先是防护。根据系统已知的所有安全问题做出防护措施，如打补丁、访问控制和数据加密等。

其次是检测与响应。攻击者如果穿过了防护系统，检测系统就会检测出入侵者的相关信息，一旦检测出入侵，响应系统开始采取相应的措施。

最后是系统恢复。在入侵事件发生后，把系统恢复到原来的状态。每次发生入侵事件，防护系统都需要更新，保证相同类型的入侵事件不能再发生，这4个方面组成了一个信息安全周期。

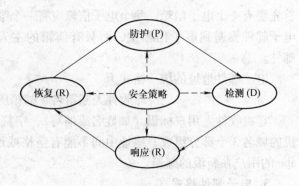

图6-10　PDRR网络安全模型

1. 防护

网络安全策略PDRR模型最重要的部分就是防护（P）。防护是预先阻止攻击可以发生条件的产生，让攻击者无法顺利入侵，防护可以减少大多数的入侵事件。以下是常用的防护措施。

（1）缺陷扫描　安全缺陷分为两种：允许远程攻击的缺陷和只允许本地攻击的缺陷。允许远程攻击的缺陷是指攻击者可以利用该缺陷，通过网络攻击系统。只允许本地攻击的缺陷是指攻击者不能通过网络利用该缺陷攻击系统。

对于允许远程攻击的安全缺陷，可以用网络缺陷扫描工具去发现。网络缺陷扫描工具一般从系统的外部去观察。另外，它扮演一个黑客的角色，只不过它不会破坏系统。缺陷扫描工具首先扫描系统所开放的网络服务端口，然后通过该端口进行连接，试探提供服务的软件类型和版本号。在这个时候，缺陷扫描工具有两种方法去判断该端口是否构成缺陷：第一种方法是根据版本号，在缺陷列表中查出是否存在缺陷；第二种方法是根据已知的缺陷特征，模拟一次攻击，如果攻击表示可能会成功就停止并认为是缺陷存在（要停止模拟攻击以避免对系统造成损害）。显然第二种方法的准确性比第一种要好，但是它扫描的速度会很慢。

（2）访问控制及防火墙　访问控制限制某些用户对某些资源的操作。访问控制通过减少用户对资源的访问，从而减少资源被攻击的频率，达到防护系统的目的。例如，只让可信的用户访问资源而不让其他用户访问资源，这样资源受到攻击的概率几乎很小。防火墙是基于网络的访问控制技术，在互联网中已经有着广泛的应用。防火墙技术可以工作在网络层、传输层和应用层，完成不同力度的访问控制。防火墙可以阻止大多数的攻击但不是全部，很多入侵事件通过防火墙所允许的端口（如80端口）进行攻击。

（3）防病毒软件和个人防火墙　病毒就是计算机的一段可执行代码。一旦计算机被感染上病毒，这些可执行代码就可以自动执行，破坏计算机系统。安装并经常更新防病毒软件会对系统安全起防护作用。防病毒软件根据病毒的特征，检查用户系统上是否有病毒。这个检查过程可以是定期检查，也可以是实时检查。

个人防火墙是防火墙和防病毒的结合。它运行在用户的系统中，并控制其他机器对这台机器的访问。个人防火墙除了具有访问控制功能外，还有病毒检测，甚至有入侵检测的功能，是网络安全防护的一个重要发展方向。

（4）数据加密　加密技术主要是保护数据在存储和传输中的保密性安全。

（5）鉴别技术　鉴别技术和数据加密技术有很紧密的关系。鉴别技术用在安全通信中，使通信双方互相鉴别对方的身份以及传输的数据。鉴别技术保护数据通信的两个方面：通信双方的身份认证和传输数据的完整性。

2. 检测

PDRR 模型的第二个环节就是检测（D）。防护系统可以阻止大多数入侵事件的发生，但是不能阻止所有的入侵。特别是那些利用新的系统缺陷、新的攻击手段的入侵。因此安全策略的第二个安全屏障就是检测，如果入侵发生就会被检测出来，这个工具是入侵检测系统（Intrusion Detection System，IDS）。

根据检测环境不同，IDS 可以分成两种：基于主机的 IDS（Host-based）和基于网络的 IDS（Network-based）。基于主机的 IDS 检测基于主机上的系统日志、审计数据等信息；基于网络的 IDS 检测一般侧重于网络流量分析。

根据检测所使用方法的不同，IDS 可以分成两种：误用检测（Misuse Detection）和异常检测（Anomaly Detection）。误用检测技术需要建立一个入侵规则库。其中，它对每一种入侵都形成一个规则描述，只要发生的事件符合某个规则就被认为是入侵。

入侵检测系统一般和应急响应及系统恢复有密切关系。一旦入侵检测系统检测到入侵事件，它就会将入侵事件的信息传给应急响应系统进行处理。

3. 响应

PDRR 模型中的第三个环节是响应（R）。响应就是已知一个攻击（入侵）事件发生之后，进行相应的处理。在一个大规模的网络中，响应这个工作都由一个特殊部门负责，那就是计算机响应小组。世界上第一个计算机紧急响应小组（Computer Emergency Response Team，CERT）于 1989 年成立，位于美国卡内基梅隆（CMU）大学的软件研究所（SEI）。从 CERT 建立之后，世界各国以及各机构也纷纷建立自己的计算机响应小组。我国第一个计算机紧急响应小组（CCERT）于 1999 年建立，主要服务于中国教育和科研网。

入侵事件的报警可以是入侵检测系统的报警，也可以是通过其他方式的汇报。响应的工作也可以分为两种：一种是紧急响应；另一种是其他事件处理。紧急响应就是当安全事件发生时采取应对措施；其他事件主要包括咨询、培训和技术支持。

4. 恢复

恢复是 PDRR 模型中的最后一个环节。恢复是事件发生后，把系统恢复到原来的状态，或者比原来更安全的状态。恢复也可以分为两个方面：系统恢复和信息恢复。

（1）系统恢复　系统恢复是指修补该事件所利用的系统缺陷，不让黑客再次利用这样的缺陷入侵。一般系统恢复包括系统升级、软件升级和打补丁等。系统恢复的另一个重要工作是除去后门。一般来说，黑客在第一次入侵的时候都是利用系统的缺陷。在第一次入侵成功之后，黑客就在系统打开一些后门，如安装一个特洛伊木马。所以，尽管系统缺陷已经打补丁，但是黑客下一次还可以通过后门进入系统。

（2）信息恢复　信息恢复是指恢复丢失的数据。数据丢失的原因可能是由于黑客入侵造成的，也可能是由于系统故障、自然灾害等原因造成的。信息恢复就是从备份和归档的数据中恢复原来数据。信息恢复过程与数据备份过程有很大的关系。数据备份做的是否充分对信息恢复有很大的影响。信息恢复过程的一个特点是有优先级别，直接影响日常生活和工作的信息必须先回复，这样可以提高信息恢复的效率。

6.4.2 黑客攻防技术

网络黑客（Hacker）一般指的是计算机网络的非法入侵者，他们大都是程序员，对计算机技术和网络技术非常精通，了解系统的漏洞及其原因所在，喜欢非法闯入并以此作为一种智力挑战而沉醉其中。有些黑客仅仅是为了验证自己的能力而非法闯入，并不会对信息系统或网络系统产生破坏作用，但也有很多黑客非法闯入是为了窃取机密的信息、盗用系统资源或出于报复心理而恶意毁坏某个信息系统等。为了尽可能地避免受到黑客攻击，有必要先了解黑客常用的攻击手段和方法，然后才能有针对地进行预防。

1. 黑客的攻击步骤

（1）信息收集　通常黑客利用相关的网络协议或实用程序来收集要攻击目标的详细信息，如目标主机内部拓扑结构、位置等。

（2）探测分析系统的安全弱点　黑客会探测网络上的每一台主机，以寻求系统的安全漏洞或安全弱点，获取攻击目标系统的非法访问权。

（3）实施攻击　在获得了目标系统的非法访问权以后，黑客一般会实施以下攻击。

1）试图毁掉入侵的痕迹，并在受到攻击的目标系统中建立新的安全漏洞和后门，以便在先前的攻击点被发现以后能继续访问该系统。

2）在目标系统安装探测器软件，如特洛伊木马程序，用来窥探目标系统的活动，继续收集黑客感兴趣的一切信息，如账号与口令等敏感数据。

3）进一步发现目标系统的信任等级，以展开对整个系统的攻击。

4）如果黑客在被攻击的目标系统上获得了特许访问权，那么他就可以读取邮件，搜索和盗取私人文件，毁坏重要数据以至破坏整个网络系统，后果将不堪设想。

2. 黑客的攻击方式

黑客攻击通常采用以下几种典型的攻击方式。

（1）密码破解　通常采用的攻击方式有字典攻击、假登录程序、密码探测程序等来获取系统或用户的口令文件。

1）字典攻击。字典攻击是一种被动攻击，黑客先获取系统的口令文件，然后用黑客字典中的单词一个一个地进行匹配比较，由于计算机速度的显著提高，这种匹配的速度也很快，而且由于大多数用户的口令采用的是人名、常见的单词或数字的组合等，所以字典攻击成功率比较高。

2）假登录程序。设计一个与系统登录画面一模一样的程序并嵌入到相关的网页上，以骗取他人的账户和密码。当用户在这个假的登陆程序上输入账号和密码后，该程序就会记录下所输入的账号和密码。

3）密码探测程序。一种专门用来探测 NT 密码的程序，它能利用各种可能的密码反复模拟 NT 的编码过程，并将所编出来的密码与 Windows 中保存的密码进行比较，如果两者相同就得到了正确的密码。

（2）嗅探与欺骗

1）嗅探。它是一种被动式的攻击，又称为网络监听，就是通过改变网卡的操作模式让它接受流经该计算机的所有信息包，这样就可以截获其他计算机的数据报文或口令，监听只能针对同一物理网段上的主机，对于不在同一网段的数据报会被网关过滤掉。

2）欺骗。它是一种主动式的攻击，即将网络上的某台计算机伪装成另一台不同的主机，目的是欺骗网络中的其他计算机误将冒名顶替者当做原始的计算机而向其发送数据或允许它修改数据。常用的欺骗方式有 IP 欺骗、路由欺骗、DNS 欺骗、地址转换协议（ARP）欺骗以及 Web 欺骗等。

（3）系统漏洞　漏洞是指程序在设计、实现和操作上存在错误。由于程序或软件的功能一般都较为复杂，程序员在设计和测试的过程中总有考虑欠缺的地方，绝大部分软件在使用过程中都需要不断地改进与完善。被利用最多的系统漏洞是缓冲区溢出（Buffer Overflow），黑客可以利用这样的漏洞来改变程序的执行流程，转向执行事先编好的黑客程序。

（4）端口扫描　由于计算机与外界通信都必须通过某个端口才能进行，所以黑客可以利用一些端口扫描软件对被攻击的目标计算机进行端口扫描，查看该机器的哪些端口是开放的，由此可以知道与目标计算机能进行哪些通信服务。了解了目标计算机开放的端口服务以后，黑客一般会通过这些开放的端口发送特洛伊木马程序到目标计算机上，利用木马来控制被攻击的目标。

3. 防止黑客攻击的策略

（1）数据加密　加密的目的是保护系统内的数据、文件、口令和控制信息等，同时也可以保护网上传输数据的可靠性，这样即使黑客截获了网上传输的信息包一般也无法得到正确的信息。

（2）身份验证　通过密码或特征信息等来确认用户身份的真实性，只对确认了的用户给予相应的访问权限。

（3）建立完善的访问控制策略　系统应当设置入网访问权限、网络共享资源的访问权限、目录安全等级控制、网络端口和节点的安全控制、防火墙的安全控制等，通过各种安全控制机制的相互配合，才能最大限度地保护系统免受黑客的攻击。

（4）审计　把系统中和安全有关的事件记录下来，保存在相应的日志文件中。例如，记录网络上用户的注册信息，如注册来源、注册失败的次数等；记录用户访问网络资源等各种相关信息，当遭到黑客攻击时，这些数据可以用来帮助调查黑客的来源，并作为证据来追踪黑客，也可以通过对这些数据分析来了解黑客攻击的手段以找出应对的策略。

（5）其他安全防护措施　首先不应随便从 Internet 上下载软件，不运行来历不明的软件，不随便打开陌生人发来的邮件中的附件。其次要经常运行专门的反黑客软件，可以在系统中安装具有实时检测、拦截和查找黑客攻击程序用的工具软件，经常检查用户的系统注册表和系统启动文件中的自启动程序项是否有异常，做好系统的数据备份工作，及时安装系统的补丁程序等。

6.4.3　防火墙技术

防火墙技术是防止计算机网络存储、传输的信息被非法使用、破坏和篡改的一种常用的计算机网络安全技术，是一种保护计算机网络、防御网络入侵的有效机制。

1. 防火墙的基本原理

防火墙是控制从网络外部访问本网络的设备，通常位于内网与 Internet 的连接处（网络边界），充当访问网络的唯一入口（出口），用来加强网络之间访问控制，防止外部网络用户以非法手段通过外部网络进入内部网络，访问内部网络资源，从而保护内部网络设备。防火墙根据过滤规则来判断是否允许访问请求。

2. 防火墙的作用

防火墙能够提高网络整体的安全性，因而给网络带来了众多的好处，防火墙的主要作用有如下几点。

1）保护易受攻击的服务。

2）控制对特殊站点的访问。

3）集中的安全管理。

4）过滤非法用户，对网络访问进行记录和统计。

3. 防火墙的基本类型

根据防火墙所采用的技术可以分为包过滤型、网络地址转换（NAT）、代理型和监测型防火墙等。

（1）包过滤型 包过滤型防火墙的原理：监视并且过滤网络上流入/流出的 IP 数据报，拒绝发送可疑的数据报。包过滤型防火墙设置在网络层，可以在路由器上实现包过滤。首先，应建立一定数量的信息过滤表。数据报中都会包含一些特定的信息，如源 IP 地址、目的 IP 地址、传输协议类型（TCP、UDP、ICMP 等）、源端口号、目的端口号、连接请求方向等。当一个数据报满足过滤表中的规则时，允许数据报通过，否则便会将其丢弃。

先进的包过滤型防火墙可以判断这一点，它可以提供内部信息以说明所通过的连接状态和一些数据流的内容，把判断的信息同规则表进行比较，在规则表中定义了各种规则来表明是否同意或拒绝包的通过。包过滤型防火墙检查每一条规则直至发现包中的信息与某规则相符。如果没有一条规则能符合，防火墙就会使用默认规则，一般情况下，默认规则就是要求防火墙丢弃该包。其次，通过定义基于 TCP 或 UDP 数据报的端口号，防火墙能够判断是否允许建立特定的连接，如 Telnet、FTP 连接。

● 优点：简单实用，实现成本较低，在应用环境比较简单的情况下，能够以较小的代价在一定程度上保证系统的安全。

● 缺点：包过滤技术是一种完全基于网络层的安全技术，无法识别基于应用层的恶意入侵，如图 6-11 所示。

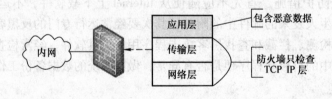

图 6-11　包过滤技术

（2）网络地址转换（NAT） NAT 是一种用于把私有 IP 地址转换成公有 IP 地址的内部网络访问 Internet。

当受保护网连接到 Internet 上时，受保护网用户若要访问 Internet，必须使用一个合法的 IP 地址。但由于合法 Internet IP 地址有限，而且受保护网络往往有自己的一套 IP 地址规则（非正式 IP 地址）。网络地址转换器就是在防火墙上装一个合法 IP 地址集。当内部某一用户要访问 Internet 时，防火墙动态地从地址集中选一个未分配的地址分配给该用户，该用户即可使用这个合法地址进行通信。同时，对于内部的某些服务器如 Web 服务器，网络地址转换器允许为其分配一个固定的合法地址。外部网络的用户就可以通过防火墙来访问内部的服务器。这种技术既缓解了少量的 IP 地址和大量的主机之间的矛盾，又对外隐藏了内部主机的 IP 地址，提高了安全性。

（3）代理型　代理型防火墙是由代理服务器和过滤器组成。代理服务器位于客户机与服务器之间。从客户机来看，代理服务器相当于一台真正的服务器；而从服务器来看，代理服务器又是一台真正的客户机。当客户机访问服务器时，首先将请求发给代理服务器，代理服务器再根据请求向服务器读取数据，然后再将读来的数据传给客户机。由于代理服务器将内网和外网隔开，从外面只能看到代理服务器，因此外部的恶意入侵很难伤害到内部系统。

● 优点：安全性较高，可以针对应用层进行侦测和扫描，对付基于应用层的侵入和病毒都十分有效，如图 6-12 所示。

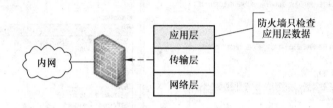

图 6-12　代理型防火墙

● 缺点：对系统的整体性能有较大的影响，而且代理服务器必须针对客户机可能产生的所有应用类型逐一进行设置，大大增加了系统管理的复杂性。

（4）监测型　监测型防火墙是第三代网络安全技术。监测型防火墙能够对各层的数据进行主动的、实时的监测，如图 6-13 所示。在对这些数据加以分析的基础上，监测型防火墙能够有效地判断出各层中的非法入侵。虽然监测型防火墙在安全性上已超越了包过滤型和代理服务器型防火墙，但由于监测型防火墙技术的实现成本较高，也不易管理，所以目前在实用中的防火墙仍然以第二代代理型产品为主，但在某些方面已经开始使用监测型防火墙。

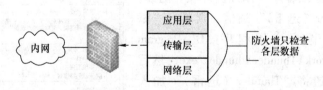

图 6-13　监测型防火墙

4. 实例：Windows 中防火墙的配置

依次选择"开始"→"设置"→"控制面板"命令，单击控制面板中的"安全中心"图标，选择"Windows 防火墙"，可以打开"Windows 防火墙"对话框。

（1）"常规"选项卡（如图 6-14 所示）　默认情况下，已选择"启用（推荐）"单选按钮。当 Windows 防火墙处于打开状态时，大部分程序都被阻止通过防火墙。如果想要解除对某一程序的阻止，可以将其添加到"例外"列表（"例外"选项卡）。

计算机应用基础

如果选中"不允许例外"复选框，则 Windows 防火墙将拦截所有的连接用户计算机的网络请求，包括"例外"选项卡列表中的应用程序和系统服务。另外，防火墙也将拦截文件和打印机共享。由此可见，使用"不允许例外"选项的 Windows 防火墙过于严格了，所以比较适用于高危环境，如在宾馆和机场等场所连接到公共网络上的个人计算机。

避免使用"关闭（不推荐）"单选按钮，除非计算机上运行了其他防火墙。关闭 Windows 防火墙可能会使计算机更容易受到黑客和恶意软件的侵害。

（2）"例外"选项卡（如图 6-15 所示）　如果某些程序需要进行网络通信，那么可以将它们添加到"例外"列表中，在列表中的程序将被允许网络连接。

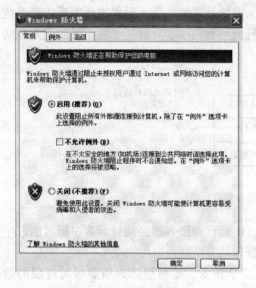

图 6-14　"常规"选项卡

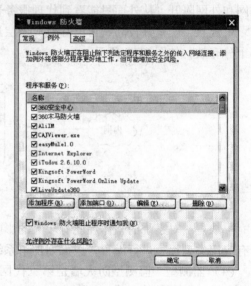

图 6-15　"例外"选项卡

在"例外"选项卡界面的下方有两个添加按钮，分别是"添加程序"按钮和"添加端口"按钮，可以根据具体的情况手工添加例外项。如果不清楚某个应用程序是通过哪个端口与外界通信，或者不知道它是基于 UDP 还是 TCP，可以通过"添加程序"添加例外项。例如，如果允许"Thunder（迅雷）"通信，则单击"添加程序"按钮，选择应用程序：D:\Program Files\Thunder Network\Thunder\thunder.exe，然后单击"确定"按钮将"Thunder（迅雷）"加入列表。

如果对端口号及 TCP/UDP 比较熟悉，则可以采用后一种方式，即指定端口号的添加方式。对于每一个例外项，可以通过"更改范围"对话框指定其作用域。对于家用和小型办公应用网络，推荐设置作用域为可能的本地网络。当然，也可以自定义作用域中的 IP 范围，这样只有来自特定的 IP 地址范围的网络请求才能被接受。

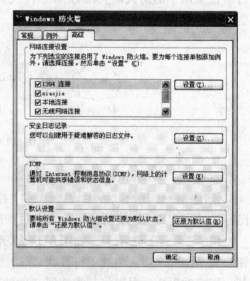

图 6-16　"高级"选项卡

（3）"高级"选项卡（如图6-16所示） 如果要使系统更加安全，那么一定要在"高级"选项卡中进行设置。

在"高级"选项卡中包含4组选项：网络连接设置、安全日志记录、ICMP和默认设置，表6-1中对它们进行了说明，可以根据实际情况进行相应的配置。

表6-1 "高级"选项卡中的4组选项

选 项	说 明
网络连接设置	这里可以选择 Windows 防火墙应用到哪些连接上，当然也可以对某个连接进行单独的配置，这样可以使防火墙应用更加灵活
安全日志记录	日志选项里面的设置可以记录防火墙的跟踪记录，包括丢弃和成功的所有事项。在日志文件选项里，可以更改记录文件存放的位置，还可以手工指定日志文件的大小。系统默认的选项是不记录任何拦截或成功的事项，而记录文件的大小默认为4MB
ICMP	互联网控制消息协议（ICMP）允许网络上的计算机共享错误和状态信息。在"ICMP 设置"对话框中选定某一项时，界面下方会出现相应的描述信息，可以根据需要进行配置。在默认状态下，所有的 ICMP 都没有打开
默认设置	如果要将所有 Windows 防火墙设置恢复为默认状态，可单击右侧的"还原为默认值"按钮

6.4.4 计算机网络病毒及其防治

1. 网络病毒概述

网络病毒实际上是一个笼统的概念，可以从两方面理解。一方面网络病毒专指在网络上传播，并对网络进行破坏的病毒；另一方面网络病毒是指与 Internet 有关的病毒，如 HTML 病毒、电子邮件病毒、Java 病毒等。

Internet 的开放性成为计算机病毒广泛传播的有利途径，Internet 本身的安全漏洞也为产生新的计算机病毒提供了良好的条件，加之一些新的网络编程软件（如 JavaScript、ActiveX）也为将计算机病毒渗透到网络的各个角落提供了方便。这就是近几年兴起并肆虐网络系统的"网络病毒"。据权威报告分析显示，目前病毒的传播渠道主要是网络，比例高达97%，而经过磁盘等其他渠道传播的病毒仅占3%。

提起网络病毒，使用网络系统（包括 Internet）的用户不会陌生，甚至很多用户深受其害。人们也使用了许多种防病毒软件，但仍经常受到病毒的攻击。经历过 CIH、"求职信"、"震荡波"等病毒的洗礼，人们已知道了"查杀病毒不可能一劳永逸"的道理，明白了维护计算机安全是一项漫长的过程。

2. 网络病毒的特点

网络的主要特征是资源共享。一旦共享资源感染了病毒，网络各节点间信息的频繁传输会将计算机病毒传染到所共享的机器上，从而形成多种共享资源的交叉感染。病毒的迅速传播、再生、发作，将造成比单机病毒更大的危害，因此网络环境下计算机病毒的防治就显得更加重要了。

网络病毒一般具有以下特点：

1）传播方式复杂：病毒入侵网络主要是通过电子邮件、网络共享、网页浏览、服务器共享目录等方式传播，病毒的传播方式多且复杂。

2）传播速度快：在网络环境下，病毒可以通过网络通信机制，借助于网络线路进行迅速传输和扩散，特别是通过 Internet，一种新出现的病毒可以迅速传播到全球各地。

3）传染范围广：网络范围的站点多，借助于网络中四通八达的传输线路，病毒可传播到网络的"各个角落"，乃至全球各地。所以，在网络环境下计算机病毒的传播范围广。

4）清除难度大：在网络环境下，病毒感染的站点数量多，范围广。只要有一个站点的病毒未清除干净，它就会在网络上再次被传播开来，传染其他站点，甚至是刚刚完成清除任务的站点。

5）破坏危害大：网络病毒将直接影响网络的工作，轻则降低速度，影响工作效率，重则破坏服务器系统资源，造成网络系统瘫痪，使众多工作毁于一旦。

6）病毒变种多：现在，计算机高级编程语言种类繁多，网络环境的编程语言也十分丰富，因此，利用这些编程语言编制的计算机病毒也是种类繁杂。病毒容易编写，也容易修改、升级，从而生成许多新的变种。

7）病毒功能多样化：病毒的编制技术随着网络技术的普及和发展也在不断发展和变化。现代病毒又具有了蠕虫的功能，可以利用网络进行传播。有些现代病毒有后门程序的功能，它们一旦侵入计算机系统，病毒控制者可以从入侵的系统中窃取信息，进行远程控制。现代的计算机网络病毒具有了功能多样化的特点。

8）难于控制：病毒一旦在网络环境下传播、蔓延，就很难对其进行控制。往往在对其采取措施时，就可能已经遭到其侵害。除非关闭网络服务，但关闭网络服务后，又会给清除病毒带来不便，同时也影响网络系统的正常工作。

3. 网络病毒的预防与检测

由于网络病毒通过网络传播，具有传播速度快、传染范围大、破坏性强等特点，所以建立网络系统病毒防护体系，采用有效的网络病毒预防措施和技术显得尤为重要。

（1）严格的管理　病毒预防的管理问题，涉及管理制度、行为规章和操作规程等。例如，机房或计算机网络系统要制定严格的管理制度；对接触计算机系统的人员进行选择和审查；对系统工作人员和资源进行访问权限划分；下载的文件要经过严格检查，接收邮件要使用专门的终端和账号，接收到的程序要严格限制执行等。通过建立安全管理制度，可减少或避免计算机病毒的入侵。

（2）成熟的技术　除了管理方面的措施外，采取有效的、成熟的技术措施防止计算机网络病毒的感染和蔓延也是十分重要的。针对病毒的特点，利用现有的技术和开发新的技术，使防病毒软件在与计算机病毒的抗争中不断得到完善，更好地发挥保护作用。

常用的技术手段有如下几种。

1）病毒免疫技术：对执行程序附加一段程序，这段附加的程序负责执行程序的完整性检验，发现问题时自动恢复原程序。

2）检验码技术：对系统内的有关程序代码按照一定的算法，计算出其特征参数并加以保存，执行程序代码时进行校验。

3）病毒行为规则判定技术：采用人工智能的方法，归纳出病毒的行为特征，进行比较。

4）计算机病毒防火墙：采用一种实时双向过滤技术，起到"双向过滤"的作用，具有对病毒过滤的实时性。对系统的所有操作实时监控，一方面将来自外部环境的病毒代码实时过滤掉，另一方面阻止病毒在本地系统扩散或向外部环境传播。

4. 网络病毒的清除

系统感染病毒后可采取以下措施进行紧急处理。

（1）隔离　当某计算机感染病毒后，可将其与其他计算机进行隔离，即避免相互复制和通信。当网络中某节点感染病毒后，网络管理员必须立即切断该节点与网络的连接，以避免病毒扩散到整个网络。

（2）查毒源　接到报警后，系统安全管理人员可使用相应防病毒系统鉴别受感染的机器和用户，检查那些经常引起病毒感染的节点和用户，并查找病毒的来源。

（3）报警　病毒感染点被隔离后，要立即向网络系统安全管理人员报警。

（4）采取应对方法和对策　网络系统安全管理人员要对病毒的破坏程度进行分析检查，并根据需要决定采取有效的病毒清除方法和对策。如果被感染的大部分是系统文件和应用程序文件，且感染程度较深，则可采取重装系统的方法来清除病毒；如果感染的是关键数据文件，或破坏较严重，则可请防病毒专家进行清除病毒和恢复数据的工作。

（5）修复前备份数据　在对被感染的病毒进行清除前，尽可能将重要的数据文件备份，以防在使用防毒软件或其他清除工具查杀病毒时，将重要数据文件误杀。

（6）清除病毒　重要数据备份后，运行查杀病毒软件，并对相关系统进行扫描。发现有病毒，立即清除。如果可执行文件中的病毒不能清除，则应将其删除，然后再安装相应的程序。

目前较流行的杀毒软件产品包括瑞星、金山毒霸、江民、卡巴斯基、诺顿、蓝点"软卫甲"防毒墙、FortiGate 病毒防火墙以及木马克星等。

（7）重启和恢复　病毒被清除后，重新启动计算机，再次用防病毒软件检测系统是否还有病毒，并将被破坏的数据进行恢复。

参考文献

［1］侯九阳. 大学计算机基础教程［M］. 北京：清华大学出版社，2010.

［2］陆晶，程玮. 大学计算机基础教程［M］. 北京：清华大学出版社，2010.

［3］刘宗旭，聂俊航. 计算机应用基础［M］. 北京：清华大学出版社，2010.

［4］王庭之，黄海. 计算机应用基础［M］. 北京：清华大学出版社，2010.

［5］耿国华. 大学计算机应用基础［M］. 2版. 北京：清华大学出版社，2010.

［6］陈婷. 大学计算机基础［M］. 北京：清华大学出版社，2010.

［7］侯殿有. 计算机文化基础［M］. 北京：清华大学出版社，2010.

［8］王薇，杜威. 计算机应用基础教程（Windows XP + Office 2007）［M］. 北京：清华大学出版社，北京交通大学出版社，2010.

［9］张敏霞，孙丽凤，等. 大学计算机基础（基础理论篇）［M］. 北京：电子工业出版社，2005.

［10］顾善发，赵坚. 大学计算机基础（学习指导与实训篇）［M］. 北京：电子工业出版社，2005.

［11］施博咨询. Office 2007办公应用［M］. 北京：清华大学出版社，2009.

［12］士官教材编审委员会. 计算机应用技术基础［M］. 北京：中国宇航出版社，2003.

［13］万玉，隋树林，唐松生，等. 计算机基础教程［M］. 北京：电子工业出版社，2003.

［14］丁爱萍. 计算机应用基础［M］. 3版. 西安：西安电子科技大学出版社，2004.